冷蔵と人間の歴史

古代ペルシアの地下水路から、
物流革命、エアコン、
人体冷凍保存まで

トム・ジャクソン 著
片岡夏実 訳

築地書館

サラに

Japanese translation by Natsumi Kataoka
Published in Japan by Tsukiji Shokan Publishing Co., Ltd., Tokyo

序

冷蔵庫は、ハーパー・リーの小説『アラバマ物語』に登場する浮世離れした人物、ブー・ラドリーのようなものだ。おおむね色白で、家の中にばかりいて、めったに顧みられることはないが、いつもそこにいて、最終的には（ネタバレ注意）万事がうまくいくために必要とされる。

要するに、冷蔵とそれが人類に与えた影響という物語の配役において、冷蔵庫自体は主役ではないということだ。ほとんど目立つことなく、ただ冷えているだけだ。

冷蔵庫は面白いものではないと言っても、誰からも文句は言われまい。それは特別なものではない。この世に何億とある。先進国では一世帯に一台あり、アメリカの家庭の四分の一では少なくとも二台ある。それ以外では冷蔵庫は欲しい家庭電化製品リストの上位、テレビのすぐ次にある。何か冷たいもの――アイスクリーム、牛乳、冷えたビール――が欲しいとき、それは冷蔵庫に入っている。現代では、低温は簡単に手に入り、何も考えなくてもいい。

ニコラス・モナルデスというスペイン人が一五七四年に書いたものでは、難しさについて多くが報告されている。冷たさは氷の形で適正価格で手に入ったが、モナルデスは「臭いや不快な濁りのあるもの……特に腐った植物や有害な木、赤ん坊の死骸のそばを通ってきたもの」が混ざった供給源を避けるように忠告した。当時も今も、まったくもっともな忠告ではあるが、ありがたいことに冷蔵庫は進歩している。

冷蔵庫は豊かな人々の生活の中心を占めている。一度手にした者にとっては、それがない生活は耐えがたいものであろう。いくつかの簡単なルール（親切にパッケージに細かく書いてある）に従うだけで、われわれはできたての飲み物や食べ物を、いつでも好きなときに楽しむことができる。底をついてしまったら、スーパーマーケットの大きな冷蔵庫まで行って補充すればいい。

このパターンは当たり前すぎて、私たちは気にも留めずにいる。自分の台所の冷蔵庫が、食品業界内でコールドチェーンと呼ばれているネットワークの、何百万という冷たい蔓の一端であることに私たちは無頓着だ。コールドチェーンは、その無数の結節と枝で世界を巻き込み、畑や漁船を食料品店の冷蔵室と結びつける温度管理された輸送ルートを形成しているのだ。

チェーンにつながることで私たちは、ラスベガスで刺身を、クリスマスにイチゴを、天候にかかわらずシャーベットを食べられる。チェーンは選択の自由と選択するための時間の余裕を与えてくれる。生鮮食品を涼しい夜のうちに急いで街に運んで、届いたら数時間のうちに消費することはもはやない。近代都市を成立させているのは、摩天楼や地下鉄や情報ハイウェイではない——冷蔵庫だ。世界最大の都市地域、東京圏の冷蔵庫は、一日に少なくとも一億一三〇〇万食分の食材を供給する。コールドチェーンがなかったら、こうした大都市での生活は想像もできないほど苦痛なものになるだろう。

だが現代の世界はイノベーションにあふれている。ならば冷蔵庫のすごいところとはなんだろう？台所だけでもあらゆる種類の技術を用いた必需品が備わっている。電気湯沸かし器、コンベクション・オーブン（訳註：ファンで食材に熱風をあてて焼きあげる）、電子レンジ……そして冷蔵庫。もちろん決定的な違いが一つある。一つを除いてすべて加熱するためのものであり、冷蔵庫だけが冷やすものだということだ。

熱と光は、火を起こし操ることを覚えてから少なくとも一〇万年、人類が思い通りに使ってきた。私たちが冷たさを本当の意味で勝ち取ったのは、ほんの一世紀前のことで、その戦利品はまだ地球上の多くの地域で共有されていない。今日、熱と低温は一枚のコインの裏表だという考えはすっかり定着しているようだが、それを私たちのために懸命に解明してくれた歴代の科学者たちにとっては、自明からほど遠かった。彼らの説明には的確なものもあれば、真理を明らかにするために妖精、流星、永久機関、苦しむネズミを持ち出した奇妙なものもあった。

彼ら――コルネリウス・ドレベル、ロバート・ボイル、ジェームズ・ジュールのような者たち――が明らかにした知識は、エネルギーのふるまいを研究する物理学の一分野、熱力学の基礎を形作ることになった。アメリカの化学者で熱力学に関する著書のあるマーティン・ゴールドスタインは、いみじくもこう書いている。「冷蔵庫はどのようにはたらくかを知りたい人たちがいる。また宇宙の運命を知りたい人たちもいる……。両者をつなぐ科学が熱力学だ」。

冷蔵庫は「ヒートポンプ」だ。表面的には、これは無味乾燥な用語かもしれない。しかし、この概念を少し深く掘り下げると、かなり驚くべきこと――宇宙の整合性に対するささやかな反逆行為――が明らかになる。

「ヒートシンク」という考えはたぶんなじみのあるものだろう。基本的にそれは、高温の場所のエネルギーが低温の場所へと伝わることを意味する。だから太陽から熱が放出され、周囲の物体――主に地球を含めた惑星――を温めるのだ。一方で地球の熱エネルギーは、膨張する宇宙の虚空に消えていく。これが究極の「ヒートシンク」だ。この一方通行は破ることのできない熱力学の法則だが、「ヒートポンプ」によって一時的にではあるがひっくり返すことができる。ヒートポンプは熱を普遍的な流れに逆らって押し出すことができる。冷蔵庫の場合、熱を食品と冷凍室から環境へと追い出し、その結果、中のものがみんな冷たくなるのだ。

宇宙には数十億の惑星が存在すると考えられているが、その中で地球だけにヒートポンプ、秩序から無秩序への容赦ない崩壊にあらがう機械が大量にある。旧石器時代の人間がほとんど苦もなく木の棒に火をともすことができたのに、アイスキャンディーを棒につけられるようになるまでには数万年を要した理由が、わかりかけてきたのではないだろうか。

低温を作り出すために物理法則を利用するテクノロジーは、一夜にして世に出たものではない。一七五〇年の原型から多少でも市販品に近いものが生まれるまでに、一七〇年がかかったのだ。しかし、冷たさへの需要は大幅にテクノロジーの先を行っていた。

天然氷の貯蔵は古代より、特にアジアで、もっぱら最富裕層の慣習だった。他のさまざまな技術と一緒に、東洋のノウハウはルネッサンス期ヨーロッパで利用されるようになり、イタリア、フランス、スペインの貴族も冷えたワインと冷たいデザートの贅沢を味わった。氷の利用法は贅沢だけではなかった。チェーザレ・ボルジアは、ヨーロッパ南部一帯をローマ教皇の名のもとに――チェーザレは時の教皇の庶子だった――席巻した悪名高い軍指揮官であるが、一五〇三年に氷をそれまでにない目的で利用した。

チェーザレは当時すでに歴史にその名を残していた。恐怖と裏切りによって支配する方法の手引書、ニッコロ・マキャベリの『君主論』(一五一三年)に着想を与えたとされ、アサシンクリードシリーズのゲームでは悪役の一人として登場している。いずれの作品も、そのおそらく独特な氷にまつわる経験に触れていない。チェーザレとその父、教皇アレクサンデル六世は、共にひどい熱病――のちに計画的な毒殺未遂として語られている――にかかった。教皇が病と闘うために、徹底的な瀉血《しゃけつ》を選択したのに対して、チェーザレは熱があまりに激しかったため、大きな油壺に氷水を満たして浸った。これが功を奏し、チェーザレは生きながらえ、それからもう四年、嘘をつき、騙し、殺した――もっともこの治療のために、その皮膚はすべてはがれ落ちたと伝えられる（アレクサンデル教皇は死亡した。その遺体は病のせいで膨れあがり、棺に文字通り叩き込まねばならなかった）。

低温の医学的効果は広く検討されていた――もっとも冷たい水の飲み過ぎも、やはり危険で不自然な行為とみなされた――が、当初食品の保存は、氷の主要な用途とは考えられていなかった。ヨーロッパ中に氷貯蔵庫が建てられたのは、第一に冷たいワインとデザートの需要からであるが、それらを生肉や熟成途中の果物のそばに貯蔵する流行が生まれた。

まず天然の板氷として、のちに冷凍機で作る氷の利用を世界的規模で商業化するには、一九世紀アメリカの積極性が必要だった。社会革命が始まり、ゆっくりではあるが、食品と社会全体に与える影響は止められなくなっていた。初期のトップブランド、ケルビネーターは、一九二〇年代に同社が発行した最初の冷蔵庫時代向けレシピ本 *For the Hostess*（おもてなしの料理）でこのように述べている。「主婦《ハウスワイフ》の労力は軽減され、余暇が増え、それにともない大幅な節約ができるようになった」。

それから何が変わっただろう？　実質的には何も変わっていない。「ハウスワイフ」という言葉を使わなくなったくらいだが、それは明らかに偶然の一致などではない。

冷蔵庫は私たちの生き方を変えた。「新しいアイス・エイジ」と題する雑誌記事を見れば、それは一九三一年にはすでに自明のことであった。

われわれを支える巨大な食品保存および輸送システムが、たとえわずかなあいだでも途絶えたら、現在の日々の生活は立ち行かなくなるであろう。数万人が住む都市は消え失せてしまうだろう。たぶん私たちは、食料を手に入れようと半狂乱になって争う獣と化すだろう……。今のような文明のありかたは冷蔵に頼っていると言っても過言ではない。

以来冷蔵庫は文明の中心にある。アメリカ国家安全保障局（ＮＳＡ）の内部告発者エドワード・スノーデンは、訪問者の携帯電話を冷蔵庫に入れることを要求した——少なくとも現在も進行中の話の初期には——と言われている。スノーデンは、既知あるいは未知の勢力が会話の盗聴に利用しようとするのを防ぐために、携帯電話を外の世界と遮断したかったのだろう。分厚い断熱材は確かに声を抑えるが、冷蔵庫をファラデー箱、つまり携帯電話をコントロールするのに使われる電磁放射から遮断された空間として使ったと考えられる。標準的な冷蔵庫はファラデー箱ではない——冷蔵庫の中でも携帯電話は同じように鳴る（一方カクテルシェーカーは携帯電話の遮断にきわめて効果的だ。それこそジェームズ・ボンドが使いそうだ）。

あとで見るように、冷蔵庫と低温の利用は日常と非日常に絡みあっている。合成繊維から抗生物質、試験管ベビーに至るまで他の多彩な現代科学技術を陰で支えているのだ。低温現象も未来の先端技術に方向性を示している。ＳＦに冷却装置が登場することはあまりないが、現実の科学では量子コンピューターにも転送装置にもそれが必要となるのだ。

わたしたちがこの地点に到達するまでの経緯は何世紀にもわたり全世界に及ぶ。だがすべてが始まったのは、多くのものがそうであるように、古代メソポタミアの大地の穴からだった。

冷蔵と人間の歴史　目次

序　3

第1章　古代の冷蔵法　13
マリの王の氷室　13　氷の都、ペルシア　18　最古の氷菓子シャルバット　25　朝鮮王族の冷蔵遺体、モンゴル戦士のアイスクリーム　28

第2章　冷やす魔法　32
王侯貴族と冷たいもの　32　世界は四元素でできている　37　錬金術師と水銀と硫黄と塩　42　城付き魔術師と空気　45　フランシス・ベーコンの低温実験　50

第3章　圧力の発見　54
ベッヒャーによる物質の再定義　54　パスカルと真空　56　ボイル、空気の重さを証明　63

第4章　温度計と空気　68

サントーリオの測温器　68
進化する温度計　71
温度計の目盛をめぐる攻防　73
セルシウス目盛の誕生　80
世界初の人工冷蔵装置　81

第5章　熱素ともう一つの「空気」　84

物質と熱　84
熱平衡の解明　89
生石灰とマグネシアと気体の発見　93
新たな「空気」の発見　99
「オキシジェン」誕生　103

第6章　温度低下を作る方法　108

熱量を測る　108
原子の重さを量る　114
熱の伝導と動き　119
馬力攪拌とマグネトー電気機械　124
永久機関の謎を解く　129

第7章　氷の王　134

チャールズ二世の氷室　134
氷室とクーデター計画　138
アイスボックスから氷ビジネスへ　142
氷輸送船の初出航　146
通商停止、投獄、米英戦争　151
アメリカ国内での氷販売開始　156
アメリカの氷がインドへ　163

第8章　冷蔵庫の仕組み　167
天然氷の終わり　167　蒸気機関で低温に　174　冷媒をめぐる試行錯誤　180　家庭用冷蔵庫の販売開始　186

第9章　冷蔵がもたらした物流革命　193
世界をつなぐコールドチェーン　193　冷蔵船から鉄道、トラックへ　201　冷蔵庫がスーパーマーケットを生んだ　209　冷凍技術の進歩　215

第10章　低温を極める　221
気体を液体にするファン・デル・ワールス力　221　下がり続ける冷媒温度　227　超伝導、超流動、ボース＝アインシュタイン凝縮　235

第11章　拡張する低温技術　242
エアコンから水爆まで　242　世界を変えたハーバー法　248　冷却システムと液体燃料ロケット、MRI、リニアモーター　252　医薬品、食品、凍土壁に使われる液体窒素　259

第12章　低温の未来　264
燃える氷、海水温勾配のエネルギー利用　264　旧式の冷蔵技術と金星探査、暗黒物質探究　267　超知能コンピューター、人体冷凍保存、テレポーテーションも可能に？　274
訳者あとがき　283
参考文献　285
索引　289

第1章　古代の冷蔵法

いかなる王もかつて建てたことのない……。

マリ文書、ＢＣ一七七五年ごろ

マリの王の氷室

記録にある冷蔵の歴史は、ユーフラテス川西岸にあったシュメールの都市テルカに始まる。一九一〇年まで発見されずにあったテルカは、現在のシリア領内のイラクとの国境近く、世界を変える出来事が少なからず起きてきた場所に位置する。この都市については、紀元前一八世紀に数キロ下流にあったマリの王ジムリ・リムの支配下に入ったことで注目される以前のことがほとんどわかっていない。ジムリ・リムは、青年時代にアッシリアに王国を奪われるという苦難を経験し、再び王位に就くと、マリとその衛星都市をメソポタミアの羨望の的にしようとした。一九三三年の首都の発掘で出土したマリ文書は、「いかなる王もかつて建てたことのない」テルカの氷室《ひむろ》をジムリ・リムが命じたことを伝えている。

当時のメソポタミアにおける氷の利用の分析は混乱に満ちている。主に青銅器時代の社会できわめて価値が高かった二つの物質、氷と銅鉱石を、年代記作者がはっきり区別していなかったためだ。いずれの物質も「溶けやすい」という意味のスリプムとして記録されている。融解と凝固のプロセスさえある種の驚異や魔法と思われていた時代には、それは至極もっともなことだった。氷は水に変化し、水は氷になる。鉱石も、木炭炉で熱すると液体、つまり溶融した金属が流れ出し、固まって固体の銅になる。

それでもジムリ・リムの勅令は、明らかに精錬所の熱ではなく氷の冷たさに関係していたようだが、氷を利用すること自体はジムリ・リムの発案ではない。それどころか、ジムリ・リムが不在のあいだこの地域を治めたアッシリア王シャムシ・アダドは、すでに新領土にある氷供給源を確保するために動いていた。王は、自分の代理でマリの王位に就いていた息子に、市街から遠く離れた（三〇キロから六〇キロメートルと推定される）場所で氷を集めるように命令している。王は、氷を昼も夜も見張り、それで酌人が冷たい飲み物を用意する前に洗って「小枝や糞や泥を落とす」ことを指示している。

同時代人の手紙から、当時少なくとももう一つの氷貯蔵庫が、東のカタラにあったことがわかっている。南に遠く離れたウルの人々も、氷でワインを冷やしていた――ただしメソポタミアの習慣ではビールはぬるいまま飲んでいたらしい――ので、ウルなどさまざまな都市に、氷貯蔵庫があったはずだ。しかし、こうしたものは単なる穴蔵で、地面に掘った穴の内側に材木を張り、山から集めてきた氷を冷たく安全に保っておくというものだったと推定されている。

テルカに建てられたジムリ・リムの氷室は、発見されてはいないが、もっと高度なものだったと考えられている。命令によれば、それは六メートル×一二メートルで、溶けた水をすべて排出して中東の暑さの中で氷を長持ちさせる水路を備えることとされていた。テルカの氷室――そしてさらに北のサガラトゥムで続いて稼動したもの――は、製氷プールを使ってその場で氷を作るように設計されていた。ジムリ・リムの王国では、よく晴れた冬の夜、浅く張った水が凍るくらい寒くなることもたまにあっただろうが、このような氷製造システムのもっとも古い確たる証拠は、古代ペルシアで見つかったものだ。そこでは気候がもっと寒いのに加え、紀元前五世紀に驚くべき冷却技術が発達していた。

ジムリ・リムの氷室が正確にどのような機能を持っていたにせよ、当時の建設能力に制限されていたのは確かだ。サガラトゥムの第二のものは、設計で要求された長く頑丈な材木を探すのに時間がかかって遅れた。だが、時はジムリ・リムに味方しなかった。紀元前一七六一年ごろ、ジムリ・リムは同盟国のバビロンと衝突し、その王国は――そして氷室も――ほぼ地球上から消え失せた。

もっと南、古代エジプトでは、氷はほとんど手に入らなかった。氷雪を頂いた山は何日もかかる距離にあり、多くのエジプト人が見たことのある天然の氷は、猛烈なひょうの形で――モーセか何かの名において――もたらされるものだけだ。砂漠の嵐は実にすさまじい――エジプトでは二〇一〇年にひょうのために四人が死亡し数十人が負傷した――が、降った氷はたちまち消えてしまう。そこでファラオとその廷臣たちはワインを冷やすため、別の冷却技術に頼った。

紀元前一四〇〇年ごろの墓所の壁画には、奴隷が壺の載った棚を懸命に扇いでいるところが描かれている。これは中のワインを冷やす手段だと解釈されている。エジプトのワインは――その後のギリシャ・ローマ時代と同様――素焼きの容器に貯蔵されていたことが知られている。こうした壺（ローマの言葉だが、アンフォラと言ったほうがわかりやすいかもしれない）は、夜になると土で断熱された地下の貯蔵庫に収納された。そこでワインは焼けつくような太陽の熱からは遮断されるが、それでもぬるくなるのは避けられなかっただろう。

三世紀のエジプト出身のギリシャ語作家アテナイオスは、先祖がどのようにワインを冷やしたかを記録している。日が暮れると奴隷はアンフォラを貯蔵庫から運び出して、屋根の一番高いところ、冷たい夜風が一番強く当たるところに据える。アンフォラは浅い水槽に浸かっており、一晩中濡れているように壺に水をかける労働が奴隷に課せられた。素焼きの壺は多孔性なので、壺は表面の水をよく吸収する。夜風が吹くと含んだ水が蒸発し、壺の中のワインは——きわめてゆっくりとではあるが——冷えていく。風が弱ければ、奴隷がうちわを使って空気の流れを起こさなければならなかった。これが後世に向けて墓所の絵に記録された労働の正体なのだ。エジプトの王は、冷えたワインが飲みたければ、年季奉公人の一団に一晩ひっきりなしに水をかけて必死に扇がせれば良かった。

忙しい奴隷は、そして酔っぱらいのファラオは、物理的プロセスについて何も知らなかった。この発想の核心は、おそらく肌に当たる風が涼しく感じられること、汗をかいた肌では特にひんやりすることから来ている。要するに彼らはワイン壺にも「汗」をかかせているだけなのだ。あまたの啓蒙的理性が、数世紀後にこの概念に取り組み、液体の水を気体、すなわち水蒸気に変えるにはエネルギーの投入が必要であることを明らかにした。つまり、水滴が風に運び去られると、熱エネルギーも少しずつ持ち去られるのだ。

ちなみに、短気なヨーロッパ人が被っていたことで今では一九世紀の帝国主義的抑圧の象徴とされているトロピカルヘルメットは、気化冷却と同じプロセスを目的としている。トロピカルヘルメットは、まさしく植民者の熱い頭を冷やすために設計されたのだ。かなり重そうに見えるが、このヘルメットには保護の機能はない。代わりに軽量でコルクのような木の髄、つまりある種の植物の茎にあるスポンジ状の中心部でフレームができている。フレームは陰を作るために白い生地で覆われる。生地には穴もあいていて、頭の上の空間を空気が循環するようになっている。一般にパグリー（ヒンディー語でターバンを意味する）と呼ばれるモスリンを折りたたんだ幅の広いバンドが、帽子の下部を取り巻いている。

本来の役割としては、この布を濡らしておくと布のカバーに水分が伝わり、古代エジプトの屋上ワイン冷却器とまったく変わらない気化冷却が起きるというものだ。

素焼きの壺を気化冷却器として利用したことは、古代インドでも記録されている。おそらくは古代の通商路に沿った技術伝播の一例だろうが、移動の方向は明らかではない。ここでは風が冷たく、夜間の気温がより低いので、壺の中身——この場合主に水——が凍るまで冷やすことができた。容器を満たすのには沸騰したての湯が使われた。冷たい水よりもそのほうが速く凍るからだ。なぜそうなるのかについては、今日なお物理学者の間で議論が続いている——そして北極圏の寒風吹きすさぶ中、凍ったフロントガラスにやかんから熱湯をかけたら、あっという間にまた凍ってしまったとドライバーを嘆かせている。アリストテレスやデカルトらは、その説明を試みた（うまくいかなかったが）。今日それは、一九六三年にこの現象を科学的文脈で捉えた、当時まだ中学生だったタンザニアのエラスト・ムペンバにちなんで、ムペンバ効果の名で知られている。

ジムリ・リムの原始的な氷室の主目的がそうだったと考えられているように、インド社会も浅い製氷池を使って氷を作っていた。その主張の真偽はともかく、紀元前五世紀の初めには、メソポタミアの東のペルシア高原がこうして製氷技術の中心になっていたのは確かだ。その技術のさまざまな側面は、以来長きにわたり東西に広まった——ラテンアメリカにさえ一六世紀には移入されたのだ。

氷の都、ペルシア

ペルシアの冷却技術は三つの要素、バードギール、カナート、ヤフチャールを基本にしている。ヤフチャールの文字通りの意味は「氷の穴」であり、現代ペルシア語でも冷蔵庫を意味する。カナートは一種の地下用水路、バードギールは「風を捉えるもの」を意味し、単純だが効果的な空調方式である。

ペルシアが古代世界の氷の都となった理由は二つある。第一に温度差の大きな気候だ。冬の夜はひんぱんに氷点下に下がり、夏の昼間は氷が商品価値を持つ暑さになる。第二に、この地方は乾燥していて大きな河川がないことだ。空気の湿度が低いことで氷ができやすく、地表水がないことで地下水を地下に留めて蒸発を防ぎながら利用する灌漑技術が要求された。このことが水管理への精通につながったのだ。

イランとペルシア文化圏の人々は、ほぼ三〇〇〇年にわたり、家庭と農地への淡水供給をカナートに依存してきた。カナートは、岩がごつごつした丘の斜面の奥深くにある地下水に届くまで、手作業で掘られた。工事はムカニと呼ばれる熟練した掘削人が行う。その危険な職業はほとんどすべての村に欠かせないものであり、それは彼らが受け取る高額の賃金――と作業方法を門外不出にする用心深さ――に表れている。

カナートは、たいていは一家族から成る三、四人のムカニのチームにより建設される。最初の手順は水源を見つけることだ。達人は丘の斜面を見渡して天然の泉や季節的に現れる小川を探し、それからその上の斜面で特に植物が茂っているあたりを調べて、地下水面に手が届く場所の兆候を探す。次に適当な水源が見つかるまで試掘する。それから工事が始まる。

カナートの概念は、緩やかに傾斜する水路に淡水が流れ、丘の斜面の地下を通って裾野の平地で地上に出るというものだ。掘削は水の最終目的地、たいていは灌漑が必要な農地から始まる。通常の工程では、起点から水源までのあいだに縦坑をいくつも掘り下げる。こうすることで、わざわざ起点まで運ばなくても、掘削の各段階で土砂の除去が楽になり、工事が速く進む。掘り出した土や岩は縦坑の穴の周囲に積み上げられる。こうすると縦坑が補強されて廃土が雨で流れ込むのが防げるだけでなく、丘の斜面にいる人に危険な落とし穴が見つけやすくなる。

カナートの長さが数百メートルに及ぶことは珍しくなく、もっと長いものも多い。ルート砂漠のはずれに位置する、ケルマーン市街に水を供給しているものは、長さ七〇キロメートルある。こうした比較的長いカナートは完全に地下水路システムになっており、水位を上げるために幹線水路に合流する支水路があった。言うまでもなくこのような事業は、完成に数十年を必要としただろう。

カナートは勾配が肝心だった。緩すぎれば必要な水量が流れない。急すぎれば水が地下で急流となってトンネルの壁を浸食し、やがては崩落する。ムカニたちは焼成粘土で覆工をしてトンネルの軟弱な箇所を補強し、勾配が急なところでは必要に応じて人工の滝を作ることまでした。

農地が水の最終目的地なので、居住地はそれより上流に作られた。裕福な一族は、カナートの出口より高いところに居を構えた。水は開渠に出ると汚染されやすく、住宅地の中を流れるうちにどんどん汚れていく。特に貧しい集落は、こうして町のもっとも低いところまで流れてきた水に甘んじるしかないし、地下水位が一番下がる夏には、よほど運が良くなければわずかな水しか手に入らない。一方、町の上流部にある井戸は、水がまだ地下にあるうちに、カナートからじかにくみ上げる。特に富裕な者たちは、カナートシステムにつながる私設貯水槽を持っており、カナートにつながった邸宅には、きれいな水だけでなく内部空間を冷やす手段も備わっていたと思われる。このためには、家にバードギールも必要だったが、この場合風を捉えるものという訳はあまりしっくりしない。

建物を冷やすために風を利用したのはペルシアのバードギールが最初の装置ではない。アラビア語でマルカフと呼ぶエジプトの採風塔は紀元前一四世紀、例の奴隷が屋根でワインを冷やしていたのと同じころにまでさかのぼる。これは高い煙突状の塔で、常に卓越風に向けて建物の側面が開いているか、あるいは高い位置にいくつも開口部が並んでいる。その目的は、空気の流れを拾って住居の主要部の下に導くことだ。建物の反対側にある出口と連動して、採風塔は冷たく新鮮な空気の流れを作り出し、熱くよどんだ空気を吹き飛ばして中に溜まらないようにする。

この種の採風塔は、屋根のない中庭、高い塀、小さな高窓などと共に、日陰を最大限に活用するため古代世界の炎暑地帯で広く使われていた建築構造物の一つだ。しかし、直接流れこむ空気の冷却効果に頼った採風塔が有効なのは、集めた風がすでに屋内にある空気より冷たい場合だけだ。卓越風が砂埃をはらんだ熱い砂漠の風になったら、採風塔は助けになるどころかむしろ厄介者だ。

ペルシアのバードギールはもっと高度なシステムからできている。やはり煙突のような塔を利用してはいるが、この場合出口は卓越風と反対側に向けられている。風向きが変われば雨戸を開閉することができる。風が塔のまわりを吹くと、塔の中から空気を引っ張り出す効果が生まれる。これは、空気や液体の流れが固体表面、この場合は塔の外側へと引き寄せられる傾向を持つというコアンダ効果*の一例として説明できる。この効果により風が塔を通過するとき気圧が低下し、それを相殺するために内部の空気がどっと噴き出てくるのだ。

*これはルーマニアの技術者で、母国ではジェットエンジンの発明者として讃えられているアンリ・コアンダにちなんで名付けられた。コアンダのジェット機は、イギリスの発明家フランク・ホイットルが、もっと広く認知されている特許を一九三〇年に出願する二〇年前に作られた。だが、このルーマニア製の飛行機は離陸することがなく、その最初で最

後の旅は滑走路の上で火だるまとなって終わった。それでもコアンダは、ロシア大公キリル・ウラジーミロビッチのためにジェット推進スノーモービルの製作に成功した。これは、真偽はかなり怪しいが、時速一〇〇キロ近くに達したと言われる。

古代のバードギールは噴射力を必要としなかった。塔の空気の流れが下にある家屋、特にシャベスタンと呼ばれる地下室（夏のもっとも暑い時期には主要な居住区画となる）から、温まった空気を吸い出すのだ。シャベスタンは床の縦穴でカナートとつながっていて、それを通して新鮮な空気が部屋に入ってくる。この空気の源は、はるか上流で排土孔からシステムに吸い込まれたものだ。直射日光にあぶられた戸外からの空気は、カナートに流れ込むときには熱かったが、水流で冷やされており、この冷たさがシャベスタンに伝わる。

バードギールは裕福なペルシア人が夏を涼しく過ごすために使われただけではない。比較的大きなカナートシステムは、流れ込む水が増える冬の時期や、汲み出される量が減る夜間には過負荷になりがちだった。そこで余分な水は、地下水路でアーブ・アンバール（文字通りには貯水槽）と呼ばれるドーム状の水槽に分水され、夏まで溜めておかれる。バードギールは多くのアーブ・アンバールの上に建てられ、きわめて効果的に中の水を凍る寸前の温度に保っていた。

似たような空冷庫が山で採った雪を貯蔵するのに使われていたが、ヤフチャールすなわち氷穴はまったく別の水準の工程を必要とした。その名にもかかわらず、ヤフチャールは氷工場と氷貯蔵庫をかねていた。主な構成要素は特別に調合されたモルタル造りの分厚い壁を持つドーム状の貯蔵庫と、東西に延びる長く高い塀だ。氷は冬、塀の北側の地面にカナートからの冷たい水をあふれさせて作る。塀はほぼ一日中水たまりの上に影を落とし、日に照らされて蒸発しないように、また地下水路を出たときの冷たさを保つようになっている。水がよく凍るのは、雲がない快晴の日の夜だ。日が暮れると、日中地面に吸収された熱が、すべて夜空に放射される。雲が低ければ熱の逃げ道がふさがれるが、よく晴れた夜には地表温度は急速に下がり、夜明けには浅いプールはがちがちに凍る。それを倉庫に取り込む工程はすでに始まっている。氷は小さく割られて氷室の厚い壁の下部に設けたトンネルから運び入れられる。

ヤフチャールの内部空間は、少しばかり見かけと違っている。外から見るとほとんど円錐のドームのようだが、氷はこの内側に貯蔵されるのではない。ドームは地面に掘られた巨大な穴蔵を覆うもの、土でできたトロピカルヘルメットのようなものだ。地下は地表より常に涼しいと考えられており、ここに氷が詰め込まれ、わらとおがくずの層でふさいで断熱性を高めた。建物の地上部の内壁は地面に近づくほど厚くなり、そのため外から見るとドームのようだが、中からは、確かに円錐形ではあるが、むしろ煙突のようだ。事実上、このドームは巨大なバードギールの一部だった。

ドームの先端には小さな穴があけられ、カナートで冷やされた空気が低いところに溜まるにつれて、貯水槽やシャベスタンと同じシステムを使って、内部から立ち上る温まった空気を逃がすようになっている。時には、四基の採風塔がドームのまわりに設置され、どの方向から風が吹いても捉えることができた。空気の流れ自体は冷えていないが、円錐の内部で押し上げられるにつれて、だんだんと狭くなる空間に押し込められる。頂上では、この圧縮された空気が通気口から勢いよく吹き出し、残った熱を奪い去る。

初期の冷蔵倉庫には木材や土の内装が使われていたが、ヤフチャールはサルージと呼ばれる材料で建てられていた。これは砂、石灰、粘土でできた普通のモルタルに、卵白、ヤギの毛、灰を加えたものだ。この組み合わせは防水性が高いだけでなく、優れた断熱材となって熱を遮断し、冷気を閉じこめる。サルージはドームを作るのにも——基部で壁の厚さは二メートルほどあった——その下の穴蔵の内装にも使われた。氷から垂れてくる水は一滴残らず集められ、冷却システムに加えられるか、次の氷を作るために再利用された。

ヤフチャールには、外壁が滑らかなものと階段状になったものとがある。この段々は、直射日光をさえぎるためのわら材を載せるために使われていたようだ。わらは日中ここに置かれるが、夜になるとドームが残留熱を残らず夜空に放射できるように取り除かれる。

このような工業的規模での製氷によって、氷は市販品になった。氷のブロックは夏に貯蔵庫から切り出され、ロバで地域一帯の市場へ運ばれた。王侯貴族だけでなく普通の人々もアイスプディングや冷たい飲み物を賞味できたのだ。現代に至るまでイランで人気のプディングの一つが、米の麺、ナッツ、冷たいミルクでできた甘い菓子、ファールーデだ。しかし、氷が食品を保存するために大きな規模で購入されたことを証明するものはほとんどない。ヤフチャール自体は傷みやすいもの、おそらく果物や生肉の冷蔵倉庫としての役割を果たしていたようだが、利用できるのは少数の裕福な者たちだけだったのだろう。

古代の料理は今日のように、次の食事だけを目的にしたものではなかった。食品の調理は通年の作業だったのだ。調理は食物を安全に食べられるようにするだけでなく、化学成分を分解して消化しやすくする。現代人は生の食品を消化できるような構成の胃酵素を作れず、何らかの形で食品を調理できなければ長く生きられないと言われている。

豊かなときの余剰の食品は保存する必要があり、そのためには調理では不十分だ。根菜類は埋めておけばいい。温度が低く、何よりも乾燥した土に注意深く納めれば、何カ月も傷まずに置いておける。だが、少しでも湿気が入りこめば、数日で腐敗が始まる。乾燥はより確実な、そしておそらくもっとも古い保存法だ。食品から水分を抜いてそこに発生するあらゆる微生物を殺すのだ。食品を乾燥させるのに日照が足りないときには、煙でいぶしても同様の効果がある。

塩漬けも食品を乾燥させるのに手っ取り早く効果的な手段だ。塩は浸透圧によって水分を食品から──それと細菌から──引き出すはたらきをする。手短に言えば、これは液体が膜で隔てられているときに起きる現象だ。肉や農作物の場合、液体はさまざまな物質が混ざった水で、膜は生きた細胞すべてを取り巻く膜だ。こうした膜は半透性である。つまり水は通すが、それ以外の物質はほとんど通さないということだ。液体中の分子は絶えず不規則な方向に動いており、通り抜けられない面にさえぎられるまで自然に空間を満たすように広がる。浸透作用のあいだ、水は膜を通して拡散できるが、他の物質はできない。水の濃度──混ざっているその他の物質の量──が膜の両側で同じなら、水は双方向に同じ量だけ移動し、外部への影響はない。細胞内部のほうが濃度が高いと、濃度を等しくするために外側の水が流れ込む。差が大きければ大量の水が細胞内に入ってきて、細胞は破裂する。これが肉を真水につけておくとぶよぶよになって灰色に変色する理由だ。浸透により細胞が破壊され、肉の構造が損なわれて肉汁がすべて出てしまったのだ。肉の表面に塩を振ると細胞の外側に濃度の高いところができ、食品と、そこに棲むあらゆる細菌──ここが重要──から水があふれ出す。塩を洗い流すと食品は水を吸ってある程度元に戻る。

最古の氷菓子シャルバット

食品を高濃度の糖で包んでも同じはたらきをする。ペルシアの氷文化に脈々と息づく伝統と言えば砂糖漬けだ。シャルバットはこの地域で生まれた氷菓子だ。この名はペルシア語の「飲み物」に由来する。古代ペルシアでは――少なくとも紀元二世紀の最古の記録によれば――氷で冷やしていない飲み物は考えられなかった。シャルバットの原型は果実、スパイス、フラワーオイルなどで味付けした甘いコーディアルシロップ（シロップという語はシャルバットと同じ語幹を持つ）だった。シロップは氷水で薄めてさっぱりした飲み物にすることも、砕いた氷と混ぜてデザートにすることもできた。シャルバットは今もイスラム世界一帯で人気の飲み物である。オスマン帝国の昔から、売り子が冷たい飲み物が入った大きな瓶を背負って売り歩くのが伝統だ。売り子は客のグラスに一杯一杯、大仰なお辞儀をしながら肩越しにカーブした注ぎ口から注ぐ。このような場面は近年では主に観光客向けだが、さっぱりしたシャルバットは今でもカフェやファストフード店で、もっとありふれた炭酸飲料の瓶と並べて売られている。

ワイン、ビールなどのアルコール飲料はイスラム法で禁じられている。この種の飲み物が生まれたのは、それが陶酔感を与えるからだけでなく、アルコールが中の細菌をほとんど殺すからだ。だから清潔な飲料水がないときは、ビールかワインを一杯やるのがもっとも安全な水分補給の方法だ――理想的と言うにはほど遠いが。十分な衛生設備ができる前、ヨーロッパの都市住民はいつも酔っぱらっていた。対照的に、ペルシアのカナート技術（イスラム帝国にともなって広がった）は清潔な農産物を供給し、シロップは腐敗を止められるほど糖分濃度が高かった。したがって、シャルバットは渇きを鎮めるすばらしい――それどころか醸造飲料よりもはるかに優れた――選択肢だった。

ペルシアの氷技術は完成に数世紀を要した。今日イランや周辺地域に見られる歴史的なヤフチャールの多くは、比較的最近建てられたもので、二〇世紀になってもしばらく使用されていた。カナート網建設に投資がされず、あるいはその必要がなかったため、ペルシアの技術は他の地域にはさほど影響力を持たなかった。氷を作るのではなく、主に冬に集めた雪を貯蔵するために使われたのだ。

紀元前四世紀にアレクサンドロス大王の軍は、ペルシアとその先への遠征から、わらと切った枝で穴蔵を断熱する実用的な氷室建設の基本的ノウハウを持ち帰った。ギリシャ人（そしてのちにはローマ人）は貯蔵した雪を利用し、ワインに直接混ぜたり、プシュクテルという原始的なワインクーラーを使ったりして飲み物を冷やした。プシュクテルは陶器の壺の一種で、少なくとも紀元前六世紀までさかのぼる。高く太い脚に丸い胴が載った形をしており、クラテルというより大きな器（要は大型のミキシングボウル）の内側に収められた。クラテルにはプシュクテルを取り巻くように雪が詰め込まれ、プシュクテルにワインが満たされる。つまり古典時代のアイスバケットということになるが、注目すべきはこの対になった容器は飲み物を温めるのにも使われたことだ。雪をプシュクテルに入れ、クラテルのワインの中に沈めるという別のやり方も提示されている。結局これは、手元にある雪とワインの量の問題だと考えられる。

冷たいデザートの形でのシャルバットは、今日西洋でソルベとして知られ、果実と氷を滑らかに混ぜたそれは、イタリアのシェフたちが数世紀かけて取り入れ完成させたものだ。狂気のローマ皇帝ネロが、遠くの山から急いで運んできた雪で冷やした果物に、蜂蜜をかけて食べたことから、ソルベが流行し始めたと言われている。これはおそらく、ネロの誇大妄想を強調する目的で事実をねじ曲げたものだろう。

ローマの貴族――その全員がサイコパスだったわけではない――は、そのずっと前から、氷で冷やしたデザートを食べていた。しかし、食物に酢と鉛の混合物で甘みを付ける習慣があり、それがよく知られた平均的ローマ人の能力に、精神的にも肉体的にも影響を与えていることは疑いもない。

アメリカ英語では、ソルベという語は同じく乳製品が入らない氷菓を指すが、シャーベット（やはりシャルバットに由来する語）は一種の低乳脂肪アイスクリームだ。イギリス英語では、シャーベットはまったく別物、炭酸塩を混ぜた甘ったるい粉末のことだ。一九世紀に登場したシャーベットは、もともとは水に溶かして発泡フルーツ飲料を作るためのものだった。しかし今日ではそのまま食べられ、唾液と混ざると粉が口の中で泡立つのを面白がる人もいる。この菓子は、中央アジアで作られるシャルバットの第三の形態にむしろ近い。中央アジアのシャルバットは、蜂蜜とナッツを混ぜた固形のキャンディー（ただし泡立たない）として提供される。

四

これまでのところ私たちは、中国の技術や、その他極東の文化の寄与について見ていない。紀元前一一世紀の詩は、氷が凍った湖から切り出されて、夏まで貯蔵されたことについて述べており、また、漢王朝（紀元前三世紀～紀元三世紀）の時代には、氷を蓄えた穴蔵が肉の貯蔵に使われていたことが報告されている。五世紀には北魏の使者が、何度かペルシアを訪問している。彼らは帰国すると、さまざまな驚くべきもの、特にカナート水路について、砂漠の街に満ちあふれる氷について、夏も涼しく保たれた家について語った。中国人は感心したに違いない。七世紀の唐王朝時代には、氷のブロックが富裕層の家を冷やすのに使われ、皇帝の臣下には、雪を集めて保管するために、宮廷採氷人が指揮する九四人の労働者がいた。

ワインなどの飲み物を冷やすほか、中国の氷室は果物や野菜を保管するのにも使われたと記録は伝えている。メロンがもっとも大きく場所を占めていたようだ。一七世紀の明代には、傷みやすい食品が――夏の果実、タケノコから魚まで何でも――はしけに載せられ、前の冬に上流の山間の湖から切り出した氷のブロックで冷やされて長い距離を運ばれていた。

朝鮮王族の冷蔵遺体、モンゴル戦士のアイスクリーム

四世紀に在位した日本の仁徳天皇も皇子（一説には兄）から氷を献上されて、いたく心を奪われ、毎年六月一日を氷の日に定めると宣言した。この日、政府の業務は停止し、役人と軍人は宮殿に参じて氷を賜り、その不思議さを味わった。

一三九二年から一八九七年まで朝鮮半島を支配した朝鮮王朝も、やはり氷を保存に、しかしかなりぞっとする方法で使っていた。一三九六年には、首都の漢陽（現在のソウル）に二カ所の氷室、東氷庫《ドンビンゴ》と西氷庫《ソビンゴ》があり、冬に漢江が凍ったときに切り出した氷が蓄えられていた。西氷庫の氷は調理用、特にビンスに用いられる。この今なお人気の韓国式デザートは、かき氷に甘いトッピングを載せたものだ。本来の朝鮮王朝時代のものには小豆のあんがかかっていた。

王家の氷庫からの分配は身分に基づいた。これは東氷庫の中身に関しては特に重要だった。ここの氷は食用ではなく儀式用なのだ。朝鮮社会は儒教思想を信奉しており、その中の一つが死者に多大な敬意を払うことだった。葬儀の儀礼は微に入り細に入り遵守され、その中に埋葬に先立って遺体に上等な服を着せ、葬送者が見守るというものがあった。身分は絶対であり、それは服喪の期間の長さにも反映さ

れた。王が死ぬと、埋葬はしばらく行われなかった。伝統により遺体はできるだけ長く安置することが求められていたからだ。

王や王妃が重病になると常に非常事態が宣言され、東氷庫の製氷人は厳戒態勢に入る。最悪の事態が起きたときには、準備は整っている。王の遺体は、白絹の衣を着せられ、開いた棺に納めて五カ月間安置される。自然の成り行きを止めるため、棺は、数枚の氷の板を竹の骨組みに収めた台の上に置かれた。解けて出た水は氷のまわりに詰め込まれた乾燥した海草に吸収される。氷と海草は昼夜を分かたず補充してやらねばならない。東氷庫には、ほぼ棺の長さに切った氷のブロックが一万五〇〇〇個貯蔵されていた。王が春に死ぬと、秋に埋葬されるころには東氷庫は空になった。

東氷庫と西氷庫は今では川の北岸付近にあるソウルの行政区だ。氷室は一八九八年に閉鎖されたが建物は現存し、ビンスを昔ながらのやり方で食べさせるカフェに囲まれている。*

*冷蔵は、韓国の国民食である驚くほど種類の多い発酵野菜料理、キムチの製法も変えた。伝統的には、材料を詰めた壺を地中に埋めていた。そうすることで韓国人が大好きな——しかし度が過ぎると嫌われる——独特の酸味をゆっくりと醸すために必要な、凍らない程度に冷たい環境が作られる。一九九五年、キムチ冷蔵庫の発明によって、キムチ作りは近代化された。これは単なる冷却器ではない。内部の冷気を動かさず湿度を保ち、地中の穴蔵を模倣しているのだ。この冷蔵庫はキムチの強い匂いにも、強力なＬＥＤを使って対処している。今日、韓国の五世帯に四世帯はキムチ冷蔵庫を持っている。

だが、現代の冷凍冷蔵庫の主役、アイスクリームはどうだろう？　驚くまでもないが、それは冷蔵庫の発達に一役買っているのだ。アイスクリームと呼べるもっとも古い食品は、中国で発達した。明らかに冷たいものを熱烈に愛好していた唐王朝は、発酵した水牛の乳、小麦粉、カンフルで冷菓を作った。知らない人もいるかもしれないので説明すると、カンフルは、一般にはペンキ落とし、咳止め、死体の防腐剤を連想させるが、アジアでは菓子の味付けに今でも使われている。カンフルの蠟《ろう》のような性質がデザートにフレーク状の舌触りを与え、食べると雪片のような食感になると考えられている。風味の強い唐のアイスクリームは、氷詰めにされた金属筒で作られる。今日インドのアイスプディング、クルフィを作るのと同じやり方だ。

確かにそれは味に癖のあるものだっただろうが、おそらくアイスクリームの始まりだ。しかし、モンゴルの騎手が偶然発見したこの料理を、中国の王室がいかにして知ったかは、伝説に語られている。モンゴルの戦士は馬上で生活し、食料を馬や山羊など草原に棲む大型草食動物の腸から作られた革袋に入れて携行する。伝えられるところでは、戦士が革袋にクリーム（おそらく馬乳から作られたもの）を満たして厳寒の中で馬を走らせ、旅の終わったとき袋の中身が、軽くふわふわしたものになっているのに気づいた。寒さと絶え間ない攪拌の相乗作用で、クリームがアイスクリーム、つまり固形乳脂肪の細かい粒と氷（砂糖と香料も欲しいところだが）の複雑な混合物に変わったのだ。

たぶんアイスクリームはこのようにして誕生したのだろうが、ハンバーグとチーズを遊牧民が作ったとする同様の話があることも注目に値する。最初のチーズは、山羊の乳を動物の胃から新しく作った袋に入れたことでできたと推測されている。胃壁に残留していた酵素がミルクを凝固させてチーズのような固まりを作ったのだ。一方ハンバーグは、鞍の下に収納した肉が上からは騎手の体重で切り刻まれ、そのあいだ下からは馬の体温でゆっくりと調理されてできた。ほぼ生のタイプは、のちにタルタルステーキとしてヨーロッパでちょっとした珍味になった。この名は、現在のロシア南部を起源とするモンゴル系遊牧民の一団、タタールにちなむ。話を最後まで追ってみよう。タルタルステーキはロシアからバルト海交易路を通じてニューヨークの港に到着し、そこでハンバーグステーキとして移民に売られた。チーズバーガーとアイスシェークにもいろいろと歴史があるようだ。

また別のアイスクリーム創造神話は、アジアをめぐる発見の大旅行から戻ったマルコ・ポーロ（本当に旅に出ていたとすればだが）*によって、その秘密が一三世紀末のベネチアにもたらされたとしている。また別の話では、フランス王家に嫁いだイタリアのカテリーナ・デ・メディチによって世界の舞台に上がったとされる。これらの神話がどこまで事実にせよ、私たちが今日楽しんでいるアイスクリームは、科学が低温の探求に合流した結果であることに、疑問の余地はない。

*ポーロはジェノバの監獄で、『東方見聞録』の実際の著者ルスティケロ・ダ・ピサに旅行の話を口述し、それより遠くへは行ったことがないとする説もある。

第2章　冷やす魔法

熱と冷たさは自然の二本の手であり、もっぱらそれをもって自然ははたらく。

フランシス・ベーコン、一六二四年

王侯貴族と冷たいもの

優れたミステリーはすべてそうあるべきだが、低温が科学の範疇に入った物語は毒殺から始まる。一五三六年、フランスの王位継承者フランソワ王太子は、神聖ローマ皇帝カール五世の軍を敗って凱旋しようとしていた。皇帝はプロバンス地方の併合をもくろんでいたが、失敗に終わった。フランソワは激しい運動（テニスの原型であるジュ・ド・ポームをプレーしていた）のあとで、冷たい飲み物を求めた。酌人であるイタリアの伯爵セバスティアーノ・モンテクッコリが、すかさず氷水を手渡した――そしてフランソワは倒れた。再び回復することなく、一カ月と経たずフランソワは死んだ。

当時（毒殺が多かった時代）、手練れの毒殺者は毒を温かい飲み物より氷水に見せかけるのを好むと、広く信じられていた。犠牲者はあまり味わうことなく、一気に飲み干しやすい――気づいたときには手遅れだ。その後モンテクッコリは拷問にかけられ、案の定自白した。モンテクッコリはカール五世の命令で王太子を毒殺し、フランス国王が次の標的だった。

モンテクッコリは処刑された。両交戦国の敵意は今に始まったことではなく、カール五世はフランソワと弟のアンリをマドリードの地下牢に三年間つないだことがあった。二人がまだ子どものころで、フランソワは幽閉中にかかった結核が治りきっていなかった。この命取りの病気は、死因の究明にあたって多かれ少なかれ見過ごされていたようだ。何にしても王の子が虚弱だということはない。これほど若くしての死（フランソワは一八歳だった）は、殺人に決まっている。

弟アンリが王太子の地位に就き、その妻で時のローマ教皇の姪、カテリーナ・デ・メディチが将来のフランス王妃となった。フィレンツェ人でおまけに成り上がりの銀行家一族の出身者が玉座に就くことが、フランス国民は気に入らなかった。カテリーナが宮廷に気に入られようと取り入ったことが、国民の疑念と嫌悪を増大させたらしい。一五三三年にアンリと結婚したとき、まだ一四歳の少女だったカテリーナは、イタリア人のシェフの取り巻きをともなってフランスにやってきたと国民は聞かされた。カテリーナの注文に応じて、シェフはあらゆるすばらしい料理の技、とりわけ氷とクリームと果物の菓子――アイスクリーム――を披露した。こうして退廃的《デカダン》な氷菓子で（それとフォークを食卓に取り入れたことで！）王宮の権威を落とした少女は、今や王妃となった。しかも氷をもたらしたもう一人の不実なイタリア人のおかげで。こんなよくできた話、作ろうとしたって作れない。

それが作れたのだ。メディチ家の少女がアイスクリームをフランスにもたらした話は、まるっきりの作り話なのだ。その結論は一九世紀には出ていたようで、支持する証拠がなく、否定する証拠はいくつもあるのに、この話はイタリアンジェラートのブランドストーリーに取り入れられ、世界一を自称するいくつものアイスクリームメーカーが繰り返し形を変えて語っている。

この伝説は、史実とまったく関係がないわけではない。カテリーナではなく、その息子アンリ三世が一五八〇年代後半、フランスに冷菓の流行（とフォーク）をもたらしたのだ。そしてそのレシピは確かにイタリアから来たものだった（もっともそれはたぶんソルベと氷で冷やしたワインで、本当のアイスクリームではなかった）。王がこうした外国の変てこな食べ物を好んだことが、まだ憎まれていたカテリーナのせいにされ、やがて非難がカテリーナの前半生の様子と結びついたのかもしれない。

一五八〇年代後半には、氷で冷やした食べ物は実際、イタリアの貴族階級のあいだで流行の絶頂を迎えていた。トスカーナ大公フランチェスコ一世・デ・メディチは、エッグノッグから作るアイスクリームのような酒に病みつきとなり、みずから調合した。フランチェスコ一世は隠れ錬金術師のようなもので、フィレンツェのベッキオ宮殿にあった研究室で幾晩も過ごしていた。フランチェスコは採取した雪や氷を医療目的で使うことを（やはり人目を忍んでだが）前々から提唱していた。フランスでもそうだったが、氷はまだ一般大衆や宗教裁判所から不審の目で見られていた。超自然的な性質を持ち、魔女や魔術師、あるいは錬金術師（ほとんど同じようなものだ）が用いそうなものと考えられていたのだ。

ナポリのジャンバティスタ・デッラ・ポルタが完成させようとしていた神秘的な新しい製氷技術を、フランチェスコが聞いていた――そして使っていた――ことは、十分にありえる。このナポリの博学者は、「秘密の教師」の名でも知られ、当時のイタリアでもっとも魔術師に近かった人物だ。ジャンバティスタはすでにスペイン宗教裁判所に呼び出されたことがあった（当時ナポリはスペインに支配されていた）。枢機卿らは、自然の秘密をあまり明るみに出すなと厳しく叱った。ジャンバティスタは投獄を免れたが、同業者の中にはそうでなかった者もいた。ジャンバティスタはゆで卵の内側にメッセージを書き、当たり障りのない差し入れに見せかけて獄中の彼らと連絡を取ったことで評判を高めた。ちょっとした芸人だったジャンバティスタは、公開でのパフォーマンスを続けた。その中に薄めたワインの瓶を奇妙な魔法の液体の中でぐるぐる回して凍らせるというものがあった。

ジャンバティスタは自分の技術を、いみじくも *Magia Naturalis*（自然の魔術）と題した著書の一五八九年版で公表した。この時まで、魔術が自然現象の構成部分ではないかと誰も本気で考えたことはなかったのだ。だが三〇年のうちに、ヨーロッパの大食卓ではまさにこのオカルト的方法で作った氷が供されるようになっていた。こんなありふれたものになろうとしているものが、魔術などということがあるのだろうか？　自然哲学者たちは解明しようとした。

一六世紀の終わりには、高温と低温の理解は、古典期ギリシャに提示された説明の域をほとんど出ていなかった。世界は土、水、火、空気のみで構成されていると信じられていたのだ。エンペドクレス（その詩的な著作『自然について』は紀元前五世紀にさかのぼり、この理論への言及として現存する最古のものだ）はそれを違う形で述べている。

まずは聞きたまえ万物の四つの根を。輝けるゼウス、生命の授与者ヘラとアイドネウス、人間の泉を涙でうるおすネスティス。

神々の支配者ゼウスは太陽とその炎を象徴し、ゼウスの妻ヘラは空と空気を象徴する。アイドネウスは冥府の神ハデスの別名で、岩と土の底深くに住む。ネスティスは、ハデスの妻ペルセポネの別名であり、一年の半分を夫と、もう半分を母親で豊穣の女神のデーメーテルと共に地上で過ごす。ペルセポネと彼女が象徴するこんこんと湧く泉は、地下と空の下の世界との溝を橋渡しするものだ。

エンペドクレスはこの考えを、ただ魔法のように天空から呼び出したのではなく、科学的実験を行っていた。記録が残っている最古の部類に属するものだ。もっとも現代の目から見れば、それは三歳児が風呂場でするような発見だった。エンペドクレスはクレプシドラ（水泥棒を意味する）、深い樽から水を抜き取る長いピペットの一種を使った。その両端には穴があり、下側に容器がある。液体に浸すと水が下側の穴から流れ込む。上側の穴を指でふさぎながら引き上げると、液体は内部に捉えられたままになる（ストローの上の穴をふさいでも同じことが起きる――次に呑みに行ったとき、バーテンダーがこれをやるのを見てみよう）。エンペドクレスは空のクレプシドラの上の穴をふさいでから全体を水に浸した。上の穴から指を離さないかぎり、下の穴から水がまったく（あるいは少ししか）入ってこないことにエンペドクレスは気づいた。エンペドクレスはこれを、目には見えないが空気が物質からできている証拠だと考えた。

ここからエンペドクレスは、物質界の内容は四つの元素に由来するという主張を組み立てた。それは有限かつ不変だが、不断に変化してもいる。無秩序と争いが元素を引き離し、愛と調和がそれをさまざまな割合で引き合わせて自然の物体を作りあげているのだと、エンペドクレスは信じた。愛が争いに勝てば、またはその反対でも、生命は存在を停止する。

しかしその一方、エンペドクレスはさまざまなことを信じていた。エンペドクレスはシチリア島にあったギリシャの植民地アグリゲントゥムに住み、ピタゴラスの教えの多くを信奉していた。それより一世代前にイタリア本土にいたピタゴラスは、死後の魂の輪廻を信じていた。悪い行いをした人間は動物に生まれ変わり――だからエンペドクレスは菜食主義者だった――知恵を身につけた者は転生の円環から逃れる。

それを証明するためにエンペドクレスは、シチリアの大いなるエトナ火山の火口に身を投げた。その考えは明らかではないが、一説では自分の知恵をもって不死の火の神となろうとしたのだとされている。*

エンペドクレスがしなかったことの一つが、「元素」という語を使うことだ。この語は一世紀ほどのちのプラトンの著作に登場した。しかしプラトンは観念論者であり、つまり真実は感覚を超えたところにあると考えて、現実の作用を説明する知的枠組みを、そのようにうち立てた。プラトンにとって自然は二つの領域に分けられていた。感覚の領域とエイドス（イデアの語根だが、「形相」がより適切な訳）の領域だ。形相だけが真に実態のあるものであるが、人間の感覚はその影しか感知できない。すなわち人生は単純に（そうでもないのかもしれないが）幻に過ぎないのだ。

＊そしてほぼエンペドクレスの思い通りとなった。二〇〇六年にシチリア島の付近で発見された海底火山に、その名がつけられたのだ。

世界は四元素でできている

プラトンによれば、四元素の形相はプラトン立体の中の四つだった。プラトン立体は、立体で存在しうる正多面体のすべてだ。それはすべての辺の長さ、すべての面の面積が等しい。プラトン立体には五種類あり、もっともわかりやすいのが立方体（正六面体）だ。プラトンにとって立方体は土の形、正四面体（もっとも単純な形）は火、正八面体は空気、正二〇面体（二〇の三角形からなる）は水だった。五つ目の立体、五角形からなる複雑な正一二面体はもっとも球に近く、プラトンはこれを宇宙自体の形に選んだ。

われわれが使う元素《エレメント》という語は「基礎」を意味するラテン語が元になっているが、元素の古典的概念は古代ギリシャやひいては西洋的世界観に留まるものではない。同様の観念はインドや中国にも見られる（ただし金属や木を加えて五ないし六個の元素が選ばれることもあった）。こうした東洋の伝統と同じように、ギリシャの元素についての概念は物質のみに基づくものではなかった。それはジェンダー、感情、善悪、そしてもちろん冷熱に密接なつながりを持っていた。

病気は体内の元素の偏りが原因とされた。たとえば発熱は火が多すぎることで、鼻水は水が多すぎることで起きる。それぞれの元素は対応する体液、つまり気質の肉体的な表れによって象徴された。多血質の傾向は快活な楽天主義とされた。粘液質は静水（と大量の粘液）により落ち着いており、短気な性格は熱のこもった胆汁の刺激を受けたもので、黒胆汁質は暗い土の性質の体液によって憂鬱になる。

プラトンのもっとも優秀な弟子（少なくとものちの世から見れば）、アリストテレスは師の形相論を否定した（この生意気な若造は、たとえば形相の形相は何であるかを知りたがった）。代わりにアリストテレスは、観察可能な自然の秩序に注目することでそれを理解しようとし、本当の意味での最初の経験論者になった。現代の感覚ではこちらのほうが理解しやすいものであり、アリストテレスの物理学こそがおそらくデッラ・ポルタが仲間の錬金術師と――または異端審問所と――「自然の秘密」について議論するときの基礎となったものだ。

単純化しすぎではある（そしてまったくと言っていいほど誤っている）が、元素と、それがどのように相互に作用して自然現象を作り出すかについてのアリストテレスの記述は気持ちいいほど統一感がある。少なくとも一八〇〇年間、それが正しいとされていた（カトリック教会はこの「一般に受け入れられた」キリスト以前の知恵――少なくともその一部――を教義に加え、さらに反証しがたいものにした）理由は、この統一感にあるのだろう。

アリストテレスによれば、つまり、目の前にあるあらゆる物質は四つの基本的物質の複雑な組み合わせでできている。火と土はものを乾かし、水と空気は湿らせる。重い物質は土に支配され、軽いものは空気には空気が充満している。熱は火と（影響は小さいが）空気があることによって発生し、寒冷は土と水から起こる。四元素にはスピリチュアルな側面、そのふるまいを裏付ける狙いや目的があった。したがってそれらは自然の絶えず変化する様相の背後にある力に他ならなかった。

すべての自然の過程は混ざり合った元素が純粋を求めた結果であると、アリストテレスは言明した。人間界は着実に純化されていく元素の層で成り立ち、もっとも重いもの——土——が足元の岩を形作る。水でできた海が次の層で、次に頭上の空気、最後に火の球が——月の近くのどこかで——人間の世界と完全なる天とを分けている。そこでは、宇宙は第五元素からできている。この不変にして完璧な「エーテル」は、下位の四つと混じり合うことがない。

地上では自然は決して不変ではない。元素同士が互いに自由になろうとするからだ。アリストテレスは、噴出する溶岩は土から逃げようとする火と水、雨は空気から分かれて自然な位置に戻ろうとする水だと考えた。火打石の火花は解放された火の破片、燃える木から出る煙は上昇する空気であり、じくじくと出てくる油や樹脂は木の中の水だ。残ったものはすべて固体で土の性質を持つ灰だ。一方、雪と氷は、土の性質の成分により水が極度に冷やされ、本来あるべきところより低い地面に定着させられたものだ。

このように元素はどこにでも存在し、無や真空という概念はありえない。物質のない空間はできたとたんに満たされる。アリストテレスの言葉で言えば「自然は真空を嫌う」のだ。この格言はそれから何世紀ものあいだつきまとうことになる。それが低温を理解するための探究に巻き込まれるまで。

アリストテレスにとってプリムム・フリギドゥム、すなわち低温の根源は水だった。地球はトゥーレ（訳註：ウルティマ・トゥーレ。ギリシャ・ローマ時代の伝説にある極北の島）の島々のまわりに巨大な寒気の溜まりを持っていると、広く信じられていた。この伝説上の土地を、おそらくはアリストテレスが死去したころ、ギリシャの探検家ピュテアスが訪れたと言われているが、航海の直接的な報告は残っていない。途中ピュテアスはブリテン諸島を発見したと主張し（もっともこの旅以前から知られていたが）、さらにグレートブリテン島から航海すること六日の地、トゥーレに到達した。ピュテアスはそこで、溶けかけた雪と凍った靄の世界へと元素が収斂している様子を見た。また現地人に連れられて日の暮れない風景を見に行き、真夜中の太陽のようなものを目撃している。

明らかにピュテアスの報告は北極かそのあたりの旅と一致する。専門家による推測では、ピュテアスは北海の縁を回ってトロンヘイム近くでノルウェーに上陸し、それから「ブリテン」の岸沿いに帰還したものとされてきた。実際にはピュテアスは、ヨーロッパ本土北部に沿って航海したようで、それはブリテン諸島の大きさに関しての報告がゆがんでいたことの説明になる。

ジャンバティスタ・デッラ・ポルタがプリムム・フリギドゥムの秘密を解き明かし、トゥーレの切れ端をナポリにもたらしたとするのは正当ではないかもしれない。何しろ、紀元四世紀の詩によれば、インドの魔術師が少なくとも一〇〇〇年前にそれをなし遂げているのだから。

「魔法の」冷却法に関する最初の詳細な記述は、紀元一二四二年にダマスカスの医師イブン・アビー・

ウサイビアによるものだ。発想は一見したところ、きわめて単純に思われる。塩を水に加えると冷たくなるのだ。

この時代において、塩は母材だった大釜のまわりでちょっとしたまじないをすることで、特定の性質を吹き込むことのできる、ありふれた基材だ（錬金術師の作業場は化学者の研究室の先祖だが、魔術師に似合いの場所と考えるほうが当たっている）。ウサイビアの技法は、われわれが食品に振りかけるしょっぱい塩化ナトリウムや、サルアンモニアック（塩化アンモニウム）、アルム（さまざまな硫酸塩の混合物）、ナイター、つまりソルトピーターとしても知られる火薬の主原料硝酸カリウムではたらいた。

ウサイビアのシステムは表面的には単純だが、うまくはたらかせるには相当な精密さが要求される。鍵は水によく溶ける塩（そうでないものもある）を使うことだ。固体結晶は水分子と混ざると、イオンと呼ばれるサブユニットに分かれる。そのような溶解にはエネルギーの投入が必要とされ、周囲の水からエネルギーが奪われるので冷たくなる。サルアンモニアック五、ナイター五を水一六に加えると、温度が一〇℃からマイナス一二℃に下がる。しかし必ずしも凍るわけではなく、過冷却液体となる。

もちろんデッラ・ポルタは、分子レベルで起きる物理過程について何も知らなかった。その成功は安定して氷を作れる方法を編み出したことにある。デッラ・ポルタは水を冷やすナイターと食塩の混合物を改良し、さらにそこに雪を加えた。それから水、多くの場合見た目を派手にするため水で割った赤ワインが入ったガラスの容器を浸し、静かに叩きかき混ぜて中身が固まるのを助ける。その結果に見物人は驚き、恐れおののいた――もっとも中には、幼稚きわまりないと思ったと言う者もいたが。

実用化は早かった。特に宮殿で酔っぱらっていたフランチェスコ大公によって（大公の名誉のために言っておくと、彼が持っていた酩酊したかのような症状は、当時大公の地位を奪おうとする弟に毒を盛られていたためらしい）。しかし、殺人のような実用はともかく、「自然の魔術」に手を出せば、明らかにろくなことにならないだろう……もちろんそれが魔術だとすればだが。

錬金術師と水銀と硫黄と塩

デッラ・ポルタは自分の冷却システムを、雪とナイターを混合して混沌《カオス》を解き放ち、それが「強烈な寒さ」を作り出すと説明した。「混沌」は、パラケルススの名で通っているスイスの錬金術師フィリップ・フォン・ホーエンハイムの教えに言及したものだ。パラケルススがその時まだ存命だったら、こう言ったことだろう。デッラ・ポルタは自然界の妖精、すなわちノームやニンフが守る秘密の知識を何らかの方法で手に入れたのだと。

パラケルススは第一級の魔術師で、『ハリー・ポッター』シリーズのホグワーツ魔法魔術学校にはその像まで立っている。現実世界では一五四一年にこの世を去り、最新の元素理論をあとに残した。その名声――あだ名は「ボンバストゥス（大言壮語）」で自説にとてつもなく自信を持っていた――にもかかわらず、パラケルススの研究は完全な独創ではない。その偉業はアリストテレスの元素を、ジャービル・イブン・ハイヤーン（ヨーロッパではゲーベルの名で記憶されている）が提唱した別の視点と融合したことだ。

ジャービルは八世紀のイスラム学者で、ペルシア東部出身だった。誇り高い錬金術師の多分に漏れず、ジャービルは自分の発見を秘密にしておく必要があり、その記録はいくぶん意味がわかりにくい。ジャービルの名は「gibberish《ジバリッシュ》（ちんぷんかんぷん）」の語源として挙がっている。彼の筆跡はきわめて不明瞭なので、その著作の主なラテン語訳は、少なくとも一部は、実際はまったくの別人によるテクストである可能性がある。

パラケルススがジャービルからじかに着想を得たのか、それとも偽ゲーベルと呼ばれる一三世紀の無名の翻訳者からかは、少々学術的な話になる。ジャービル理論は、自然のプロセスは水銀と硫黄の二つの「原質」が動かすとするものだ。つるつると速く流れる水銀は変化の因子であり、灼熱の硫黄は熱と火の因子だ。パラケルススはここに第三の原質、塩を加えた。これが固体の因子、母材だ。

四元素が変化するとき、これらの原質を放出したり受け取ったりする。炎は硫黄を放出し、それは別の物体を見つけてそこに宿るまで、熱として空気中を移動する。煙は水銀の放出で、パラケルススは混沌の液体と記述した。*灰は塩の原質に支配され他の二つを含まない母材だ。

＊「ガス（気体）」という語はこの経路であとからやってきた。ギリシャ語の「カオス（混沌・大気）」をオランダ語化したものだ。

錬金術師の慣習で、三つの原質は目に見えない、つまりオカルト的機能にも結びつけられた。塩は肉体を支配し、硫黄は魂をつかさどる――その火がなければ生命は絶えてしまうのだ。常に追い求められる価値あるもの、金は、水銀の流動性がない凍った火であり、生命力すなわち「動物精気」の貯蔵所である。水銀自体は道徳的、知的な力だ。これがおそらく氷が事実上水銀と硫黄を取り去られた水であり、時に悪と死の化身として考えられる理由だ。これはまた、パラケルススが冷たさを、何かが存在するのでなく熱の因子が欠如している状態だと考えていたことの表れでもあるが、この視点はパラケルススの後継者にほとんど共有されていない。

多くの人間が、パラケルススは悪魔と取引していると非難した。悪魔は、嵐、火災、地震のような破壊的な自然現象の真の原因と信じられていた。パラケルススは人外の行為者の存在を軽視していたわけではないが、それらについてもっと寛大な見方をしていた。パラケルススによれば人間以外に四つの自然の存在があり、それぞれ固有の元素に宿っている。しかしながら、それらは単に操られているのではなく、感情と倫理性を持ち、私たちと共に歩む、しかし普通は目に見えることのない、自立した存在なのだ。

実証された目撃例はないことをパラケルススは認めながらも、ノーム、シルフ、ニンフ、サラマンダーは「アダムに似た」存在――つまりわれわれ――同様に現実なのだと豪語した。そうすることでパラケルススは、もう一つのナルニア国（訳註：C・S・ルイスの児童文学『ナルニア国物語』の舞台となる国）となりうる世界（ただし決定的な違いは氷の女王がいない）を呼び出したのだ。人間にとっての空気は、ノームにとっての土と同じだ――それを呼吸し、その中を通り抜ける。ノームは地下に住む小さな人々で、時たま鉱山労働者と出くわし、落盤を起こす。シルフは人間と同じように空気中に住むが、重力に縛られることがなく、われわれに似ているがもっと荒々しく野蛮で、はるかに大きい。この巨人は森林のこずえのあいだをふらふらしていて、それが地上に降りると、必ず地震が起きる。ニンフは水の精霊で、常に裸だ。だからニンフと人間との結婚は珍しいことではないが、うまくいくことはめったにない。最後のサラマンダーは火山の近くでもっともよく見られる。ずる賢く強靭な者たちで、火に焼かれることがない。

城付き魔術師と空気

ジャンバティスタ・デッラ・ポルタがノーム、ニンフ、サラマンダーのいずれにせよ、みずから認めることはなかった。そして長い生涯のあいだナポリの上流社会の後援を得て、戯曲を執筆し、光学機器を設計し、磁気電信を発明した。一七世紀の初め、デッラ・ポルタに輪をかけてノーム的であったもう一人の人物は、彼のノウハウを使って王の背筋を凍らせたのだった。

コルネリウス・ドレベルは旧世代の生き残りのような人物だ。このオランダの発明家、技術者、自然哲学者の業績は、魔法と科学との隙間を埋めるものだった。科学的経験論がヨーロッパで確立し始める中で、ドレベルは魔術師としての自己のイメージを維持するために懸命にならざるを得なかった。信じがたい発明を並べ立ててヨーロッパの王侯貴族に取り入るにあたって、神秘的な雰囲気を醸し出すことが、ドレベルの商売の種だった。

一六二〇年、浮き沈みの激しい経歴ののち、ドレベルはロンドンにあるウェストミンスター寺院内で、夏のさなかに私たちの物語に参入した。彼は準備のために夜明けからそこにおり、今やジェームズ一世の到着を待っていた。

ジェームズはスコットランド王であったが、処女王と呼ばれ世継ぎがいなかったエリザベス一世が残した穴を埋めるため、イングランドの王位に就いた。ジェームズは夏が嫌いだった。日光に曝されると肌がかゆくなり、腫れるからだ。母のスコットランド女王メアリーから受け継ぎ、遠い子孫であるイングランドの「狂王」ジョージ三世に遺伝させた病気、ポルフィリン症の一形態を患っていた可能性が高い。夏の日に屋内に閉じこもったジェームズの不快さは、分厚く詰め物をした上衣《ダブレット》を着なければならないことで増幅された。一六〇三年に即位してからというもの、ジェームズ暗殺未遂事件が何度もあり——特に有名なのが一六〇五年の火薬陰謀事件だ——次の暗殺者の刃から身を守るものを着用するのは当然のことだった。

ドレベルは数年前から英国王に仕えていたが、一六一〇年に神聖ローマ皇帝ルドルフ二世のプラハの宮廷から、城付き魔術師の欠員があると誘われた。この職を受けたことでドレベルは少々困ったことになり、ジェームズに懇願して牢獄から出してもらわねばならなくなった。助けてもらった見返りとしてドレベルは、すごい機械仕掛けの数々を王のために作ることを約束した。数年経った今も、ドレベルは王を楽しませ、その求めと必要に応じたものを作る仕事を続けていた。この日作ったのはちょっとした空調設備だ。

どのようにしたか記録は残っていない。だがドレベルは寺院の付属礼拝堂を冷やし、きりっと心地良い春の日の温度に近づけることに成功した。おそらくデッラ・ポルタの冷却剤が背の高い桶に入れられて、寺院の日陰の壁に沿って大量に並べられたのだろう。中に入った液体の冷たさが周囲の空気に伝わりやすいように、桶は金属製だったのかもしれない。ドレベルは以前、暖かい空気がどのように上昇するかについて書いていたので、暖まった空気がはるか上の天井アーチへと持ち上げられることは知っていたのだろう。

到着した王と側近たちは、爽快さと同じくらいに驚きを感じた。しかし王は、キルトの鎧の下が汗でびっしょりだったので、少し肌寒くなり震えながら立ち去った。まあ、何とか成功と言えるだろう。

ドレベルは著書 *A Treatise On the Nature of the Elements*（元素の性質に関する論文）をオランダ

で出版した一年後の一六〇五年、英王室から注目されるようになった。表題の元素《エレメント》は、古典的な四元素の単なる焼き直しではなかった——これは気象も指しており、それは現在も「気象要素《ウェザー・エレメント》」という用法で残っている。特にドレベルは、火、空気、水がどのように関わって、風、雨、その他のメテオール（大気現象）を引き起こすのかに興味を持った。この問題について思索する中で、ドレベルはそのもっとも有名な発明の一つ、永久機関にたどり着いた。もちろんそれは永久機関などではなかったが、その作用は、のちに冷熱の量や程度の計測に取り組む者たちを触発することになった。

　論文はアリストテレスの四元素から始まるが、ドレベルはパラケルススの三原質には納得していなかった。それでもドレベルは、このスイスの先達から、元素を階層の中に当てはめるという思想を借用した。火は空気を火のように、水を空気のように、土を水のようにできるので、火は第一の元素である。

　日光の温かさは、したがって、雨と風を作り出す。熱は水を空気のような物質に変え、これがどんどん高く上昇する。そうするうちに空気のような水は、周囲の本当の空気に冷やされて液体の水に戻り、雨となって落ちる。同様に風は、ドレベルによれば、空を通り抜ける暖かい空気の流れで、やはりやがて冷え切ると止まってしまう。ドレベルはこれを実験によって証明した。レトルト（湾曲した細い注ぎ口が丸い本体についた、涙滴型のガラス容器）を水が入った釜の上に、注ぎ口が浸るようにしてつり下げる。空気はレトルト本体の中に捉えられている。これを熱すると、空気がぶくぶくと泡立って注ぎ口から逃げていく。実際の空気の流れにはもう少し微細な理解が必要だが、自分は風を作っているのだとドレベルは主張した。

　ドレベルの論文によれば、天を源にする火から気象は始まる。火の元素は太陽から放射され、空気中をある種の生命力、プネウマ（呼吸を意味する）すなわちクインテッセンス——第五の元素で火を燃え立たせ風と雨をもたらすだけでなく、生命を生み出す活力でもある——で満たす。

ドレベルはこれを気体ナイターと呼んだ。混沌とした空気のような形態のナイター（おそらく教会の冷却剤に入っていた固体の一つ）という意味だ。ナイターつまり硝石が、やはり火と炎の源である火薬の原料であることを、もちろんドレベルは知っていた。あいにくナイターが火薬の中でしていることは、冷却剤中とは少々違っている。盛大な熱と爆風のあいだ、ナイター（硝酸カリウム）は遊離酸素を放し、それが爆発を促進する。しかし、なぜドレベルがこの奇跡の物質にそんなにも惚れ込んだのかはわかる。どちらの利用法においても、起きている化学的過程はわからなかったが、空気中に存在するナイター「クインテッセンス」との関係は見抜いていたのだ。火薬に使われたナイターが大きな音と激しい閃光を発するなら、気体ナイターは雷鳴と稲妻を発するのではないか？　それは流れ星の輝きと関係があるのだろうか？　これは今日われわれが流星《ミーティア》と呼ぶ唯一の大気現象だが、皮肉なことにそれを研究するのは天文学者であって気象学者《ミーティオロロジスト》ではない。

酸素が正しく認識され、燃焼に果たす役割がはっきりするまでにさらに二世紀かかった。しかし、あまたのドレベル伝説の一つに、硝酸カリウムを熱してクインテッセンスを瓶の中で分離することに成功したというものがある。一六二一年、ドレベルはそれを潜水艇（そう、それも発明していたのだ）内部の空気供給に利用した。

永久機関は、ドレベルが一六〇七年にイギリスに到着して初めて作ったものだった。それは他の業績に比べるとずっと小規模で、現代の目から見るとさほど印象深いものではなかった。しかし、機械仕掛けの中に「捕らえられた精霊」の動きは大評判となった。ウィリアム・シェイクスピアは、一六一一年の戯曲『テンペスト』で、永久機関の報告を元に文字通り囚われの妖精エアリエルを、またドレベル本人を下敷きに魔術師の親玉プロスペローを描いたと言われる。

装置はどちらかと言えば単純だった。形は垂直方向に環を持つ惑星のようだ。中心は中空の金属球で、周囲の環はガラスの管だ。管は完全に中空ではなく、天辺に一カ所仕切りがある。球には空気が満たされ、ガラス管の内側に区画の左側でつながる開口部がある。仕切りの右側でガラス管は外気に開かれている。水が管に注がれ、環の下半分を満たす。これがトラップとなって、中央の球につながる管の左半分を密封する。

環の中の水は絶えず動いているのが見える。最初片側に上がっていき、次に反対側へと移る。それはドレベルが風の研究に用いた逆さまのレトルトを派手にしたものに過ぎなかった。球の中の空気が（周囲の条件によって受動的に）温められると環の中の水を押し下げ、口が開いている側へと水位を変える。閉じこめられた空気が冷えると、球の中へと後退し、水は反対方向へと戻る。

これがドレベルが王に対して行った大まかな説明だ。しかし、装置の中心部の周囲には、黄道十二宮のシンボルとカレンダーのような印が並べられていた。もし王が基本的な機能にあまり興味を示さなかったら、ドレベルは、この動きは潮の干満に連動していますと（あちこちでやっていたように）嘘をついただろう。明らかにドレベルは褒美――恩給――が目当てであり、お披露目が失敗しそうになったら、潮位予測機ということにしたほうが受け入れられやすそうだったのだ。

ドレベルの機械は基本的に温度の変化を表示するもの――のちにサーモスコープと呼ばれるもの――だった。このオランダ人には、このような自然現象を定量化することに興味がなかった。だがそれは、まもなく大流行することになる。

ドレベルは一六三三年に死ぬまでイングランドに留まった。一六二五年にジェームズが死去すると、ドレベル流の魔術は新しい王、チャールズにはあまり気に入られなかった。ドレベルはそこでエネルギーを、軍事技術と家庭用品という実用性が高い研究に注ぎ込んだ――そのほとんどは金銭的にあまり成功しなかった。ドレベルは、ロンドンの酒場の主として生涯を終えた。

フランシス・ベーコンの低温実験

見世物師ドレベル以外にも、イングランドはもう一人偉大な、しかしまったく違うタイプの科学者を生んだ。フランシス・ベーコンは、エリザベス一世とジェームズ一世の両方に法律家・政治家として仕えたが、ドレベルのウェストミンスター寺院の見世物には居あわせなかった（だからこの一件はあまり知られていないのだ）。ベーコンは汚職の告発を受けて王の寵愛をかなり失い、晩年は隠遁して研究に打ち込んだ。

ドレベルの第一の目的が金儲けだったのに対して、ベーコンはもっと大きな理想を持っていた。人類の知識の総体（あるいはその中で自分の知っているもの）を整理して、未来の社会にしっかりとした基礎を提供しようとしていたのだ。ベーコンはこれをインスタウラティオ・マグナ（大復興）と呼んだ。神は世界を六日で創造した。そこでベーコンは、人類の厳然たる無知への堕落を六巻の書で正すつもりであった。どう見てもベーコンは自分の才に酔って、いささか傲慢になっていたように思われる。ベーコンは大復興が完結する前にこの世を去ったが、それでもいくらかは目標を達成した。

シリーズ二巻目は『ノヴム・オルガヌム』（「新しい方法」の意味。一六二〇年刊行）であった。同書は、現在科学的方法とされているものを定めている。自然の新事実を明らかにするために観察、仮説、実験を用いることを可能にする手順を、ベーコンはさきがけて概説した。数十年のうちに、ドレベルの威厳は忘れ去られ、ベーコン流の支持者が古くさい過去の理論を投げ捨てて、一斉に科学革命の口火を切ることになった。

ベーコンの第三の著作『自然誌』（一六二二年）は、自然界に関する一般知識の集大成である。ベーコンは、さまざまな言説の真実性を考えるに当たって、自分自身の忠告を無視している。たとえばベーコンは、鼻血を止めるのに効果的な方法は、睾丸を酢に浸すことだと言う。とは言え、それは実際効くのかもしれない。違う意味でもベーコンは無謬だった。「ビーナスに触れる」――どういう意味かは読者の想像に任せる――と本当に失明するのかをベーコンは問うた。去勢された男にも視力に問題のある者はたくさんいると、ベーコンは論証する。しかし続けて、男性は冬により多く「ビーナスに触れ」、女性は夏にそうすると言う。これは男性形態は熱く女性形態は冷たいからだ。このように多くの内容は、まだ元素の数が四つだと考えていた科学の遺産を引きずっていた。しかし、『自然誌』が低温の科学の分水嶺を象徴していることは確かだ。

ロンドンをはじめとする英国やヨーロッパ本土の大都市は、一七世紀には限界点に達していた。数十万人が不潔な通りの小さな家にひしめいていた。ますます遠くなる農場から都市の市場へと、十分な量の生鮮食品を運び込むのは、日々の――あるいは毎晩の――大仕事だった。保存の手段がないため、その多くは傷んでいった。都市が大きく、そして豊かになるには、何かを変える必要があった。

ベーコンはこの問題に次のように取り組んだ。

低温の生成は、実用のためにも原因の解明のためにも、非常に研究に値することである。熱と低温は自然の二本の手であり、それらによって自然は主にはたらく。そしてわれわれはすでに、火という形で熱を手中にしているが、低温については寒くなるのを待つか、深い洞窟の中や高い山で探さねばならない。そして見つけても、大きな規模で手に入れることはできない。溶鉱炉の火は夏の太陽よりはるかに熱い。だが地下室や丘は冬の霜ほど冷たくない。

『自然誌』には低温の原因のリストが載っている。ベーコンにとってプリムム・フリギドゥムは水でなく土だった。低温は他の低温の物体に触れることで作られ、それは第一に地面であろう。また、物質は本質的に冷たいものであると、ベーコンは強く主張した。特にそれが土の含有量が多いために固く密度が高ければ。その証拠に、石も金属も触ると冷たく感じる。液体も、油やアルコール（飲用のものも含め）のように火と混ぜなければ、当然冷たい。全部で七つの原因が列挙されており、主に物体を冷たくする材料物質——ただし希薄で目に見えないもの——の存在を論じている。

ベーコンは、密封した革袋を雪やナイターの混合物に埋めるといった低温の実験についても報告している。低温で革袋は縮む。また子犬にナイターを食べさせると成長が抑制される。ナイターの冷たい性質が正常な発達の妨げになるのだとベーコンは言う。

さらにベーコンは、食品の保存について記述している。その方法は、乾燥や酢漬けなど一〇項目に及ぶが、ベーコンにとっての腐敗を防ぐ最重要手段は、低温の利用だ。

この本が完成してから数年経っても、ベーコンは低温の保存能力を研究し続けていたようだ。一六二六年、ロンドン郊外に出たとき、ベーコンは、ハイゲート・ヒルのふもとで馬車を止めさせた。当時そこはロンドン市北部の農村だった。折からの吹雪に、一面雪が深く積もっていた。ベーコンは馬車を降りると地元の女性からニワトリを買い、金を払って羽根と内臓を抜かせた。それから死骸を新雪と共に袋詰めして、腐るまで観察しようとした。

しかし、六五歳の科学者は、自分が研究していたまさにその低温にやられた。家に帰れないほど具合が悪くなったベーコンは、ハイゲートの村にあった友人の邸宅に行き、空き部屋に落ち着いたが、冷たく湿ったベッドのせいで余計に病状が悪化したと言われている。字も書けない容態のため病床から口述で、ベーコンは雪を使った実験が「すばらしい成功を収めた」と報告した。凍ったニワトリはベーコンよりも活きがよく、ベーコンの死はもはや決定的だった。皮肉なことに、冷蔵の科学的研究を始めた人物は、それによって死んだのだ。

第3章　圧力の発見

六、七年前に熱と炎の歴史に沿って何本か小論を書いたので、反対の属性、すなわち低温を論じることが自分にはよりふさわしいように思われた。それは、既知の法則によれば、相反するものを突き合わせると互いに説明し合うからだ。

ロバート・ボイル、一六六五年

ベッヒャーによる物質の再定義

一六六六年九月、ロンドンは三日三晩燃え続けた。ロンドン大火は一万三〇〇〇の家屋、八七の教会、一つの大聖堂を焼き尽くし、市街に住むほとんどの者が家を失った。西ではウェストミンスターの宮殿と議事堂も炎に呑み込まれる瀬戸際だった。残骸がくすぶる中、当局は偉大な都市の復興を科学者が導いてくれることを期待した。運良く、ビショップスゲートにあるロンドン王立協会本部は火災を免れていた。

王立協会はその三年前に結成された、知識の発展に尽くす世界初の公式団体の一つだった。その実験監督だったロバート・フックは、再建計画の測量技師長に任命された。もう一人の協会員、クリストファー・レンは、フックと共同でロンドン大火記念塔を、出火元であるプディングレーンのパン屋の近くに建てた。例によって、記念塔——凝った作りの円柱——は科学機器でもあり、中空の内部にあるおもりを付けたバネの伸張と振幅を計測するために、また星の通過を観察するための固定望遠鏡として使われた。レンはセント・ポール大聖堂再建の仕事も任され、その巨大なドームはロンドンでもひときわ目を惹く建物となった。ドームの建設にあたって、レンはレンガ造りの二六メートルの円錐を支えとした。また、円錐形やボトル型の氷室の建設で磨いたレンガ積み技術を使ったと伝えられる。レンの貴族階級に属する友人たちが所有する田舎の豪邸で一般的になりつつあったものだった。

王立協会の専門家集団は、特に将来の同じような惨事を防ぐことを期待して、大火自体の調査にも雇われていた。大火の翌年、新たに考案された理論が主流となった。それはヨハン・ヨアヒム・ベッヒャーという名のドイツの錬金術師が書いた*Physical Education*という本に載っていた。ロンドンにあったような科学界は生まれたばかりで、神秘主義的な錬金術師が当時はまだ第一線の研究者だった（王立協会の初期のスーパースターたち、とりわけアイザック・ニュートンもこの中に数えられる）。

ベッヒャーの*Physical Education*は健康と運動の手引などではなかった――錬金術師たちは当時、馬糞やらもっとひどいものを薬として勧めていたのだ（訳註：「フィジカル・エデュケーション」は、ここでは物理教育の意味だが、現代では普通「体育」を意味する）。この本は固体の性質を書き直したもの、主にパラケルススの三原質説の改訂版だった。ベッヒャーは、水銀、塩、硫黄をテラ・フルイダ、テラ・ラピデア、テラ・ピングイスに置き換えた。こうすることで、原質の超自然的概念を取り除き、物理的物質としたのだった。帳尻を合わせるために、ベッヒャーは元素としての空気と火を捨てた。水は残ったが、他の三つの元素は三種類の土、つまりテラになった。テラ・ラピデアは本来の固く石のような土に似ている。テラ・フルイダは揮発性の物質で、ばらばらに（つまりガス状に）散乱しやすく流れや動きを作る。テラ・ピングイスは脂肪や油を含んだ物質で、物体を燃やす。

テラ・フルイダとテラ・ピングイスは「希薄」、言い方を変えれば無色、無臭で直接感知することができない。しかし、物質が燃えるとき、残った灰は元の燃料より軽いことにベッヒャーは注目した。ここにテラ・ピングイスがなくなったという証拠がある。それは炎によって放出されたのだ。残ったものは灰、テラ・ラピデアで、他の物質が消失した最終的な残りが冷え固まって不活性化したものだ。

鈍重な身体と鋭敏な頭脳を持つフランスの博識家ルネ・デカルト（その傑作の大部分は寝床の中で書かれたものだった）は、一六五〇年代に同様の理論を提唱した。火は微小で絶え間なく動きウナギのようにうねる粒子からできている。粒子の数が増えるほど、火は激しくなり、光は明るくなる。低温は火の要素が死ぬことだとデカルトは言い、これはベッヒャーの理論と一致していた。だがデカルトはさらに踏み込んだ。ある物質の別の物理的性質、たとえば堅さや流動性は、それを構成する土と空気の粒子の動きによるというのだ（デカルト理論では、水は元素ではなかった）。

まさにその初めから、ベッヒャーの理論には（デカルトのものもそうだが）欠陥があることがわかっていた。燃える物質がすべて重さを失うわけではない。たとえば金属細工師は、熱した鉄がますます明るく輝くにつれて重くなることをよく知っている（空気中の酸素と化合しているのだが、そのことはまだわかっていなかった）。それでも、この概念は一世紀以上尾を引き、一七〇三年に燃焼因子がベッヒャーの弟子ゲオルク・シュタールによって、より科学的な響きを持つフロギストン（燃素）という名を与えられてから、いっそう受け入れられるようになった。

パスカルと真空

この理論の最初期の、そしてもっとも博学な批判者はロバート・ボイル、やはり王立協会の創設メンバーであり、気の向くままに研究を続ける財力を持った唯一の会員だった。一六六〇年代のボイルの研究は、単独で錬金術を化学へと変貌させた。一六六一年の著書『懐疑的化学者』は、錬金術の迷信の正体を徹底した科学的アプローチによって暴いたものだ。ボイルはすでに気体、すなわち「空気」の性質に関する研究を発表しており、一六六五年にはほとんど無視されてきた研究テーマ、低温に取りかかった。*New Experiments and Observations Touching Cold*（低温に関わる新しい実験と観察）の序文で、ボイルはこのように説明している。

> 私の知る古典作家の誰ひとり、その注目すべきものについて何かを言っていたのを、私は思い出せない。なるほど、彼らは一般にそれを、四つの「第一の質」の一つとして扱ってはいる。しかしその質とは、彼らが常々言っていることであるが、同種のものとそうでないものをまとめるという意味に過ぎない……。このように低温についていいかげんな記述をした上で、彼らはこの主題から、まるでそれ以上取り扱う価値がないかのように離れてしまうのが常だ。

ボイルがその第一の主題——気体と低温——を扱ったときから、冷蔵技術への秒読みが始まった。何しろ今この瞬間にも、台所の冷蔵庫は気体の操作で低温を生み出しているのだから。低温の征服が始まったのだ。

ボイルの一六六〇年の著作 *New Experiments Physico-Mechanical Touching the Spring of the Air and Their Effect*（空気のばねとその効果に関する物理機械的実験）は人工冷却の出発点だが、この「空気」の話は三〇年前、ガリレオ・ガリレイに送られた一通の手紙から始まる。送り主は仲間の科学者ジョバンニ・バッティスタ・バリアーニで、一六三〇年のことだった。二人は、われわれが現在科学者と呼ぶものの走りだったが、当時それは彼らが、研究者でもあり、貴族のパトロンの思いつきに付き合う問題解決屋でもあったということだ。

手紙の内容は、ジェノバ郊外の非常に大きな丘を越えて水を引くためのサイフォンの建設に苦労しているというものだった。当時サイフォンは、内部に真空を作る、少なくとも作ろうとすることで作動すると考えられていた。本当の真空は、アリストテレスの古典的教えによれば自然が嫌うので、まだ不可能だと考えられていたが、真空ができようとすることで水が引っ張られて、サイフォンをさかのぼってあふれ出す水流が生じると信じられていた。バリアーニの悩みに対するガリレオの答えは、真空の力にも限界があるらしいというものだった。

三年後、ガリレオは転げ落ちるような凋落を経験していた。異端審問において自然哲学の限界を超えすぎてしまったのだ。異端として裁判にかけられたガリレオは自宅軟禁を言い渡され、失意のうちに余生を送った。視力を失ったガリレオは、エバンジェリスタ・トリチェリを助手として雇い、その助力でライフワークを完成させた。特筆すべきは、ガリレオが温度の変化を測定する装置に取り組んでいたことだ。自身の発明ではないが、ガリレオはそれをトリチェリに見せていたのだろう。のちにトリチェリは、バリアーニのサイフォンの問題に対処するために、アイディアを流用した。

ガリレオの装置は実は温度計ではなく、測温器だった。ドレベルの永久機関ほど豪華な造りにはなっていないが、同じように作動する。この装置は、てっぺんに密封されたガラス球のついた長い管である。

球には空気が入っており、下の管の水柱で封じ込められている。この空気が温められると、膨張して水柱を押し下げる。寒い日には反対のことが起きる。空気の体積が収縮して水が上がるのだ。この変動は温度変化を表すが、それを数値化するほど高度なものではない。

ガリレオの死後、トリチェリはトスカーナの科学顧問として、師匠の旧職を与えられた。解決を求められた最初の問題の一つが、サイフォンの限界だった――約一〇メートル以上水をくみ上げる井戸を誰も作れないのだ。トリチェリは、問題をモデル化することにし、原寸で実験する代わりに水銀柱を使ってミニチュアを作った。水銀は水の一四倍の密度を持つ液体だ。トリチェリはガラス管を用意し、一方の端を測温器のようにふさぎ、水銀をいっぱいに満たしてから開いている端を水銀が入ったボウルに立てた。管の長さはほとんど無関係だった。中の水銀柱は常に同じ高さ（現代の単位で約七六センチ）まで下がった――水サイフォンの最大高の一四分の一だ。

トリチェリは数年後にチフスで死去したが、「トリチェリ管」の衝撃は大きかった。水銀の正確な高さは日ごとに上下した。だが、以前の測温器とは違って、液体を押し下げる空気は内部に閉じこめられていなかった。水銀の上の密閉された空間を満たすものは、かなりの謎だった。本当にそこにはまったく何もないのだろうか？

トリチェリが早世した翌年、もう一人の若き天才が研究を引き継いだ。ブレーズ・パスカルはすでに十分満足に足る実績を上げていた。一九歳にしてパスカルは、役人だった父の税金の計算を助ける機械式計算機を発明していた。後半生では、とある紳士賭博師の懇願に応えて、ピエール・ド・フェルマーと共同で確率論を発展させた。パスカルは天国と地獄が存在する確率まで計算し、不信心な人生を送ることのリスクと報酬を比較した。パスカルは大きな（そして永遠の）報酬を得る低い確率を選び、絵に描いたような敬虔な人物として残りの人生を送った。

一六四六年、パスカルの関心は別のものに、具体的にはトリチェリ管のはたらきに向いた。パスカルはこの装置のことを、啓蒙時代のグーグルのように博識なパリの修道士、マラン・メルセンヌから聞いた。メルセンヌはヨーロッパの科学者、数学者、哲学者人脈の中心にいて、一六六〇年代に最初の科学雑誌が誕生する前には科学者間の大きな連絡ルートでもあった。トリチェリは管をメルセンヌに見せ、メルセンヌはそれをパスカルに話した。パスカルは実験を思いつき、それは今や伝説となっている。

真っ平らなパリに居を構えていたパスカルは、一家の先祖代々の故郷、中央高地の端に位置するクレルモン＝フェランに住む義兄に指示を送った。多少の説得は必要だったが、一六四八年にフローラン・ペリエはパスカルの要請に応えた。水銀の入った管が一本、街の低地にある修道院に設置され、修道僧が付いてその高さを見守った（それは動かなかった）。一方ペリエはもう一本の管を持って近くの火山ピュイ・ド・ドーム――幸いにして死火山だ――に登った。途中、見るたびに水銀が下がっていくことにペリエは気づいた。高く登れば登るほど、水銀を管の中で押し上げる力が減っていったのだ。

パリのパスカルはこの結果に喜んだ。空気に重さがあるという仮説が裏付けられたのだ。空気の重さ――気圧――が水銀の高さを決めているのだ。管の中の水銀の重さは、下にあるボウルの液体を空気が押す力と釣り合っている。管を高いところに持っていくと、上から押し下げる力が小さくなり、水銀は下がる。

圧力は今日、単位面積あたりの力と定義され、圧力の単位はこの若きフランス人を讃えてパスカルと名付けられている。またトリチェリ管は、間違いなく最初の実用的気圧計、すなわち圧力計だとされている。水サイフォンの問題はどうなったのか？　ガリレオの直感は半分正しかった。サイフォンには限界があったが、それは真空が引き上げる力によってではなく、気圧の押す力によってだったのだ。

　同様に重要な点として、管の中にできた水銀の上の空間は真空であるとパスカルは述べた。そこには何もないのだ。パスカル以外の人々は異議を唱え、アリストテレスのクィンタ・エッセンチア、つまりエーテルが少なくとも存在するはずだと言った（もっとも、この考えが歴史のゴミ箱に叩き込まれて二度と出てこなくなるには、アインシュタインの登場を待たねばならなかった）＊。それでも数年後の一六五〇年には、性質がその厳密にどのようなものであれ、真空がまさしく実在のものであることをドイツの技師が証明した。

＊アインシュタインの相対性理論は、光などの放射エネルギーはエーテルのような媒質を必要とせずに真空中を進むことができ、あらゆる地点に同じ一定の速度で到達することを説明する、パズルの最後の部品だった。

　オットー・フォン・ゲーリケは多作な発明家だった。その発明品には摩擦によって（風船をセーターにこすりつけるように）電荷を発生させる強力な静電発電機、硫黄球がある。この装置は、初期の電気研究に役立った。同時にそれは数十年のあいだ、上流階級のパーティを大いに盛り上げた電気技術者の賜物だった。電気技術者と言っても現代のものとは似ても似つかない。それは家まで出張する芸人だった。彼らが披露する食後の奇術には、火花でブランデーに火をつけるとか、好色な客に文字通りの電撃キスを交わさせるというものがあった。

　フォン・ゲーリケのもう一つの発明は、さらに派手なものだった。それは画期的なフラップ弁を備えたエアポンプで、密閉された容器から空気をきわめて高い効率で抜いてしまえるのだ。フォン・ゲーリケは、ポンプの能力を披露する大向こう受けする方法を、いくつも思いついた。一番有名なのがマグデブルクの半球で、二つの鋳鉄のドームをくっつけて空気を抜くと、大気圧のすさまじい力を見せつけるというものだ。一六五四年に神聖ローマ皇帝フェルディナント三世の臨席で行われた実演では、一六頭の馬を二組に分けて半球につなぎ、引っ張らせても引きはがすことができなかった。

半球の中に何もないことは明らかで、したがってトリチェリの気圧計で水銀を引き上げたのと同じ力が、それを離れなくしていたのだ。半球は、自然が真空をまったく嫌わないことを明らかにした。そして低温を理解するにあたっては、真空が重要な要素になるのだ。

四

ロバート・ボイルに話を戻そう。フランシス・ベーコン死去の翌年にアイルランドで生まれたボイルは、熱烈なベーコン主義者となった。その前半生にはイングランド内戦の混乱が影を落としていた。知識によって自然の、ひいては全人類の力を利用するというベーコン主義思想は、勝利を得た清教徒のプロテスタント的熱意に訴求した。しかし彼らは、証明は実験を通じてのみ達成しうるという付随する思想にはあまり賛成せず、反対意見を述べる者は誰もが手荒い扱いを受けた。

ボイルは若いころは旅に出て、宗教的著作の執筆に没頭していた。これは精神を修養し、独学で批判的思考を身につけ、富裕層の若者に起こりやすい快楽主義的な生活の誘惑を避ける、ボイルなりの方法だったのだと解釈されている。第一次イングランド内戦のまっただ中に帰郷したボイルは、身を潜めて科学研究に明け暮れた。この抑圧の時代、科学者の集会は密かに行われていた。そうした集会は、マラン・メルセンヌに代表される志を同じくする海外の集団からもたらされた情報を共有、議論するのに適した場だった。このような集まりは以来「見えざる大学」と呼ばれ、王立協会のさきがけと考えられているが、これが参加者が使っていた合意の上の名前であるという確たる証拠はほとんどない。ボイルは一六五〇年代にこのクラブに加入した。

ボイル、空気の重さを証明

一六五七年にボイルはフォン・ゲーリケのポンプの話を聞き、一六五九年には若きロバート・フック（英国屈指の影響力を持ちながら過小評価された科学者）を助手にしてポンプを分解して研究した。ボイルはこのからくりを「圧縮空気エンジン」と呼び、それが「空気ばね」に及ぼす効果を翌年報告した。

裕福だったボイルは、空気圧を操作した効果を研究するために、多種多様なガラス製実験器具を駆使することができた。ボイルは空気に重さがあることを証明した。空気を抜くにしたがって、容器は軽くなった。また、真空中では羽毛が石のように落ちること、空気がなければ火が燃えないこと、小動物が生きられないこと、音が空気を抜いたフラスコの中を伝わらないことを発見した。注目すべきことに、空気が抜かれても水は凍るのが見られた。

ベーコン主義のやり方は、現象の根底にある破ることのできない公理、自然の法則を明らかにすることを意図する。ボイルによる空気の研究は、現在ボイルの法則として知られるものを示した。気体の圧力は体積に反比例する、簡単に言えば、空気を狭い空間に押し込めば圧力が高くなるということだ。より大きな空間に満たしてやれば、より低い圧力を示す。

これは三つある「気体の法則」の第一である（ただし実際には気体《ガス》という語はそれから一三〇年は使われなかった）。あと二つの気体の法則が公認されるまでにはそれから一世紀以上かかった。いずれも温度が関係するもので、ボイルの時代の科学が及ぶ範囲になかった。シャルルの法則（発見者のフランス人ジャック・シャルルにちなむ）は、気体の体積は温度が上がると増加する（圧力が一定に保たれている場合）としている。ゲイ＝リュサックの法則（やはりフランス人のジョセフ・ルイ・ゲイ＝リュサックにちなむ）は、気体の圧力は温度が上がると高まる（圧力が変わらない場合）とする。「空気のばね」をボイルはここまで十分に理解していたわけではなかったが、空気は微粒子でできており、それは小さすぎて直接観測できないが、その挙動から探知できると述べた。微粒子はばねのように弾性があり、ボイルは圧力の原因がその動きにあるとした。加えてボイルは、気体の熱さ冷たさも、プリムム・フリギドゥムの類ではなく、微粒子の挙動に由来すると考え始めた。

ボイルは低温実験の多くを、一六六二年の特別に寒い冬に行った。この時、夜の気温はたびたび氷点下に下がった。しかし、データの多くは、原稿の転記を任せた出版助手がアフリカへ去ってしまったため（暖かい気候を求めたのだろう）、失われてしまった。研究のやり直しには一六六五年までかかり、読者が長く寒い夜のあいだに自分で研究を実行できるように次の冬に間に合わせて出版された。

ボイルは *New Experiments and Observations Touching Cold*（低温についての新しい実験と観察）の冒頭で、理論を試すために感覚を用いることについて科学機器と対比して明確にした。われわれの低温の理解は、自分の経験から来ているが、完全に理解するためにはそれが他の物体、特に「変化がわかりやすいと思われるもの……影響がはっきりしないということのないもの」に及ぼす効果に注目しなければならない。ボイルが言っているのは、密封した晴雨計、最下部の液体溜まりが着色したアルコールと水の混合物の液柱で満たされた、長さ約三〇センチの測温器のことだ。空気によって作動するガリレオのものとは違い、液体溜まりに寒暖が作用して、中身を収縮または膨張させるのだ。このような空気の「気質」の変化が液柱の上下によって表される。変化を定量化する適当な等級はなかったが、ボイルには大まかな測定をすることができた。触って冷たいと感じる水が、実はまわりの空気と同じくらい温かいのがわかる程度に。

いつも通りの非の打ち所がない論理展開で、ボイルは大昔から言われてきた低温の原因を覆しにかかった。アリストテレスのプリムム・フリギドゥムは水だった。明らかに乾いた物質、たとえば金も冷たくなるとボイルは主張した。また深い水の空気に接した表面に氷は張る。もし水が低温の主な原因なら、底のほうから凍らないだろうか？

ボイルに影響を与えたフランシス・ベーコンは、土が低温の原因であると述べた。とは言えボイルはベーコンを直接非難することはなかったが、紀元一世紀の学者プルタルコスの、誤った見解を責めた。地球は表面がもっとも冷たく、深いところほど温かく、液体になるのだ、と。間違いなくこれは、地球の中心は冷たくなく熱いことを示している。

空気が低温の第一の原因だと考える者もいた。ボイルのちょっとした強敵のような哲学者、トーマス・ホッブズもその一人だった。ボイルはすでに空気が低温の原因ではないことをじかに目にしていた。水の入ったフラスコから空気を吸い出すと、水が凍ったのだ。ボイルは多大な時間を費やしてホッブズの主張に反論した。ホッブズは低温が風によってもたらされると考えた。自分の主張を納得させるために、ボイルは生きた動物をフラスコに入れ、空気を全部抜いた。動物は当然のごとく窒息したが、ボイルの目的はそれを風から遮断することだった。次にフラスコに入れたまま動物を屋外に置くと、それはこちこちに凍った。ホッブズの考えの誤りは完全に証明された。

第四の原因にもボイルは取り組んだ。フランスの哲学者ピエール・ガッサンディ（その一〇年前に死去していたが）は、ナイターには何らかの低温の物理的形態が含まれており、そのため氷の形成に非常に役立つのだと提唱した。ボイルは、その発見を実験的に説明することができないとして、ガッサンディの考えを退けた。海塩と酒精を雪に混ぜると、ナイターのような冷却効果がある。なのになぜナイターが唯一の低温の源なのか？

ガッサンディはトリチェリ管の空の部分の中身について考察していたが、それが真空だということを受け入れられなかった。何もないように見える空間にもある種の物質があるとガッサンディは提唱した。彼は、熱と火が火の粒子の生成物であるとするデカルトの思想を拡張し、低温と光を発散し磁力や重力までも媒介する粒子を含めた。この概念は、紀元前四世紀にさかのぼるエピクロス学派の哲学の思想にも似ている。

ボイルはこれら見えない微粒子という考えを罵倒した。ボイルは、水が凍るときどのように膨張するかを調べる実験を行った。これはアリストテレス学派の教義ではありえないことだったが、それに反して、真冬に瓶にひびが入ったり水桶が裂けたりすることは言われている。最初にボイルは、氷の体積は凍る前の水より大きいが重さは同じであるといった基本的な事実を確定した。また、頑丈な金属や陶器の容器に口までいっぱいに水を入れ、コルクで栓をして凍らせた。コルク栓が動かないように、ボイルは氷が膨張する力に対抗する重量をかけた。栓が抜けないようにするためには三三キロ相当が必要だった。

これはまず、低温がデカルトが言う火の粒子が逃げることによるものではありえないと証明している。水から離れていき、支配力が小さくなっているものが、こんなに大きな膨張力を生み出すものだろうか？　第二に、この膨張はガッサンディらが提唱する「フリゴリフィック（冷却）原子の群れ」を退ける説明をするのに役に立った（「フリゴリフィック」という語は仮想的な寒冷物質を表現するためにボイルが造語したとされており、のちにこの分野の研究者により採用された）。そのような物体が、どうすれば冷凍容器の硬い壁面に何らかの痕跡や損傷を残さずこっそり入り込み、いったん中に入ってしまうと容器を粉々にしてしまうような外向きの力を作り出せるのだろうか？

ボイルには一切の構成要素的な低温の源が受け入れられなかった。唯一理にかなっているとボイルが考えるのは、氷は、その軽快な微粒子の動きによって膨張した水で、その過程はすべての物質で同じであろうということだ（ボイルには知りえなかったことだが、この点で水と氷の性質はきわめて独特であり、それ以外のほとんどすべての物質は凍ると収縮するのだが、そこは大目に見よう）。

ボイルは低温の実用化について、少なくとも科学的研究の観点からいくつもの提案をしている。低温は蒸留に使えるだろう。混合物の水を含んだ部分は凍るが、油やアルコールは凍らないからだ。ボイルは油やアルコールが凍るとは思っていなかった。この考えを実験で確かめられるほどイングランドの冬は寒くならない。また、さまざまな混合物についてどのくらい低い温度で凍結が始まるか計測し、他の化学者に伝えることができれば大いに利益になると思いながら、晴雨計の不正確さを嘆いていた。「われわれは基準を、冷たさの一定の単位を大いに求めていると私は考える。重さや大きさや時間について基準を定めたように」。

そのためには、科学はより良い機器を必要とした。温度計を。

第4章　温度計と空気

……冬には、空気は氷や雪より冷たく、水は空気より冷たく感じられる……アリストテレス学説で説明できない同じくらいの微妙な差で。

ジョバンニ・フランチェスコ・サグレド、一六一五年

サントーリオの測温器

一六六一年、ロバート・ボイルは原始的な温度計を手に入れた。一〇年前にフィレンツェで開発された、今日ガリレオ温度計としてよく知られるデザインだ。洒落たオブジェとしてはいいかもしれないが、低温を計測するには向いておらず、通常の温度帯でもあまり使い勝手がよくなかった。その名にかかわらず、この装置を発明したのは偉大なイタリアの科学者本人ではなく、その弟子だった。このためちょっとばかり混乱が発生している。ガリレオはよく、温度計の発明者として名前が挙がるのだ。ガリレオは確かに測温器を使って研究をしたが、それも他人のアイディアだった。

紀元前三世紀に、ビザンチウムのフィロンは、ある装置について記述している。一定量の空気が多量の水の上に閉じこめられたものだ。空気が温まると膨張し、この変化が水位の上下に反映される。これが測温器、または空気温度計として知られるものに関するもっとも古い言及だ。ガリレオはこの装置の存在をアレクサンドリアのヘロンの著作で、また、同じイタリア人のジャンバティスタ・デッラ・ポル

タからおそらく知ったのだろう。デッラ・ポルタもやはりそれについて触れているからだ。一五九三年、ガリレオは色つきの水とガラスのフラスコを使って、その簡略版を作ったと言われている。

一六世紀の終わりごろ、イタリアは面白い小物、自然の精を利用したように見える小さなからくりの一大市場になっていた。人気商品の一つがＪ字形の管で、一方の端がふさがれ、ふさいだ側に空気が閉じこめられる程度に水が満たされている。温度が変わると空気の「精」が水位を端から端まで移動させる。何から何まで聞き覚えのある話になってきた。Ｊ管がコルネリウス・ドレベルの永久機関の報告に着想を得たのか、あるいはその反対か、はっきりとしていない。ドレベルの機械は一五九八年に特許を取得しており、Ｊ管ブームがヨーロッパ中で始まったのは、実際はそのあとだった。

発想の出所がどこであれ、ガリレオは、いずれの正体もフィロンの装置を原型とする詐欺みたいなものだと見抜き、さほどの関心は持たなかった。

一六〇三年には、ガリレオは空気温度計（のちにトリチェリに見せたのと同様のもの）を使っていた。それはガラス管の上部に空気が水柱で閉じこめられたものだった。開いている管の下部はボウルの水に浸され、ボウルは開放されている（これの最初の絵は一六一七年に現れた）。

空気温度計を初めて実用に使った人物は、サントーリオ・サントーリオというバドバの医師で、ガリレオとデッラ・ポルタの両方と手紙で交流のあった同時代人だった。ガリレオが姓よりも名で記憶されるように、サントーリオは、身体が摂取した食物から物質を取り出していると証明したことで有名だ。これは、自分自身の体重、飲食したものの重量、便と尿の重量を綿密に記録することで行われた。明らかに日課の人、サントーリオはこれを三〇年間毎日続けたと見える。

またサントーリオは、実験機器製作者でガリレオの弟子でもあるジョバンニ・フランチェスコ・サグレドに依頼して、フィロンの設計通りに空気温度計（つまり測温器）を作らせた。サグレドはそれをガリレオに紹介したらしく、体感とは反対に空気が水より冷たいことを示すなど、いかにすばらしいはたらきをするかを手紙の中で熱く語っていたらしい。サントーリオの測温器（患者の熱を見るのに使われた）が、記録にないガリレオが以前に設計したものを元にしている可能性もある。しかし一般に、温度を測定する実用的な機器の発明は、サントーリオによるものとされている。

本来の測温器には印がなく、温度の変化を数値化することのできる等級づけもなかった。サグレドが一六一三年に測温器に目盛りをつけたという説もある。サグレドは熱の「度」について最初に触れた人物で、管を三六〇の単位に分けたと考えられている。三六〇という数字は数学的に扱いやすいものだ。二、三、四、五、六、八、九、一〇、一二で割り切れ、それゆえにバビロニアの時代から使われてきた。だから私たちは、たとえば時間を六〇（三六〇の六分の一）を単位にして数えるし、今も円を三六〇度に分割している。

しかし、目盛付き測温器を証明する最初の文献は、イングランドの神秘主義者ロバート・フラッドによる一六三八年の文書だ。目盛付き測温器は本当の温度計になる。目盛の起源が何であれ、それはまったく恣意的であり、器具のあいだで相互関係はなかった。そのため温度計製作は標準化を必要とした。最初の障害は空気だった。一六五〇年代には、気密性のない空気温度計は気圧、すなわちトリチェリとパスカルの研究で明らかになった「空気の重さ」の変動に敏感であることがわかっていた。したがってこれは温度を測る目的で当てにならなかった。

解決策はフィレンツェの科学シンクタンクであるアカデミア・デル・チメントから出てきた。一六五七年に設立されたこの団体は、翻訳すれば「試練の学会」であり、厳格な実験を行うと会員が誓っていることを意味している。そのモットーは、ダンテの『神曲　地獄篇』から引用された「provando e riprovando」、つまり「試し、再び試す」だった。

アカデミアの後援者は大公フェルディナンド二世、フランチェスコ一世（大のアイスエッグノッグ好きだった）の弟の孫であり、そこから自然哲学への愛を受け継いでいた。メディチ家らしい流儀で、氷はフェルディナンドが主催する宴会の目玉だった。飲み物は氷で作った杯で供され、テーブルは氷の彫刻で飾られていた。

進化する温度計

フェルディナンド自身が、アカデミーが公になる数年前に温度計技術に躍進をもたらしていたと言われている。空気から遮断され、したがって気圧の変化の影響を受けない機器を作ったのだ。温度計内部の動きは液体の膨張収縮によって起きる。このために、フェルディナンドは水とワインの酒精――蒸留したアルコール――の混合物を使うことにした。液体が見やすいように、ここに、南米産の虫を潰して作った赤い染料コチニールで色を付けた（濃い赤はヨーロッパやアジアの科学では作れなかったため、アステカ民族が作りあげたこの伝統的染料は、一七世紀にはメキシコの主要産業の一つとなっていた）。

フィレンツェ式温度計には、アルコール球が細いガラス柱の下についた、すぐにそれとわかるものがあった。低温に関するボイルの著書には、この種の器具の挿絵が載っていた。しかし、この当時一般に認められた温度計の設計は、もっと手のこんだものだった。

フェルディナンドの温度計の内部にあるアルコール溶液が膨張すると、その密度は小さくなる。定義によれば密度は体積あたりの質量の単位だ。アルキメデスの時代から、液体の密度がその中のものの浮き沈みに影響を及ぼすことは理解されている。この原理は楽しい効果を持つフィレンツェ温度計に応用された。液体が入った細い管の代わりに、この温度計は太い柱でできている。精巧に作られたガラス球が中に浮かべられる。それぞれの球には空気と油が、一定の密度になるように入っている。油はそれぞれの球が区別できるように、たいてい色がついている。

温度計の中身がある特定の温度（と密度）になると、球のあるものは沈み、あるものは水面に浮かぶ。浮いているもっとも重い球が現在の温度を示す。まわりが暖かくなると溶液が膨張して密度が下がる。その結果、浮いているもっとも重い球は沈み、温度の上昇を示す。温度が下がれば反対の効果が発生し、液体の密度が上がるにつれて、だんだんと重い球が浮かび上がってくる。

フェルディナンドはこの種の装置を家中に置き、寝室、台所、風呂の湯の温度を測った。この温度計の中の物憂げな動きに、間違いなく家人たちは目を奪われただろうが、目盛をつけるのが難しく、低い温度や高い温度では使い物にならないことが判明した。水とアルコールの混合比を常に同じにしようがないので、密度は温度計ごとに違っている。アルコールは水より低い温度――およそ八〇℃――で沸騰する。液体の水が熱すぎて触れなくなるあたりだ。目盛の反対の端、低温では、水の成分が凍って装置が固まってしまう。

水銀を使うという案が出された。水銀はわかっている範囲では沸騰することも凍ることもなかった。しかしガラス製品の技術が、そのために必要な精度を出せなかった。それから九〇年、最良の温度計にはできるかぎり純粋なアルコールを使うしかなかった。

一六六〇年代には、ロバート・ボイルら王立協会メンバーは新技術を初めて目の当たりにしていた。ボイルの助手から独立したばかりのロバート・フックは、科学史にみずからの地歩を築こうとしていた。

そのもっとも名高い著作『ミクログラフィア』は一六六五年に刊行された。同書の主題は、フックが自作の顕微鏡を覗いて見えたものの報告だった。フックは自分が見たコルクシートやその他植物の標本を構成する小さな単位を、博学な修道士の簡素な小部屋になぞらえた。以来われわれはそれを「細胞《セル》」と呼んでいる。

しかしこの本は、細胞生物学の礎というだけではない。フックは当時議論されていた最新の話題、特に熱に関するいくつかの観察も加えている。間違いなく「比類なきボイル氏」（フックの言葉）と共に研究したことに触発されたのだろうが、フックは熱の基本概念に関する最初期の参考文献の一つを作成している。「観察7」でフックは、物質内の熱は「その部分の動きまたは振動」に由来すると述べている。この考えは、摩擦熱の観察からそこに至った過去の学者がほのめかしていたものだ。他ならぬプラトンも熱と動きを結びつけ、摩擦がすべての火の源ではないかと考えた。フランシス・ベーコンは、摩擦熱と熱した水がぐらぐら煮え立つ様を「熱のまさに本質は……動きであり、それ以外の何ものでもない」とまとめた。しかし、フックのより厳密な結論さえ、支持者が燃焼のフロギストン理論と、その結果生じる熱の追求に没頭するようになると、再びほぼ二世紀のあいだ失われてしまった。

温度計の目盛をめぐる攻防

一六六五年、フックは王立協会の標準温度計を製作した。イングランドでもっとも正確なものだ。それはアルコールの膨張率を基に一〇〇〇の目盛で区切られ、その後四〇年気象の変化を記録するために用いられた――「フック度」で。

これは最初の公式の目盛ではない。サントーリオはろうそくの炎の熱を、温度変化を数える温度定点として使っていた。フィレンツェ派は霜の降りるもっとも寒い夜と、もっとも暑い夏の日とのあいだで温度を定量化し、ロバート・ボイルはアニス油が固まる温度を選んだ。エドモンド・ハレーは目盛の下限として深い洞窟の冷気、上限としてエチルアルコールの沸点を提案した。しかしロバート・フックこそが純粋な蒸留水の凝固点を使うことを提案した最初の人物だった――それはもっともわかりやすい選択に思われた。

一八世紀への変わり目のころ、アイザック・ニュートンが戦列に加わった。ニュートンはイングランド啓蒙の巨人だった。すぐに王立協会の会長となったニュートンの貢献は、万有引力の法則、運動の法則、望遠鏡の設計、色スペクトル、計算法など枚挙にいとまがない。ニュートンは自身が科学的進歩をもたらしたことを執拗に主張して、論敵の研究をこき下ろし、徹底的にやりこめた(八〇代になると多少丸くなった。この頃、友人たちとゆったりと晩餐を楽しんだあと、かのリンゴが落ちるのを見てインスピレーションを得た話を、あったとされる時から六〇年ぶりに思い出した)。

伝えられるところによればフックが、王立協会の事務局長として、ニュートンの意見について自分のものと比較して質問したときのニュートンの答えは、不朽の名言とされている。「私に遠くまで見えているとすれば、巨人の肩に乗っているからです」。表面的には、ニュートンの自認は敬意の表れのように見える。しかし底意地の悪い解釈をする皮肉屋は当時からいて、痩せて虚弱な猫背のフックは、ニュートンの言う巨人のうちに入っていないと言っていた。数年後、二人の仲違いは決定的になった。このことは、支配力があり高圧的なニュートンが今も有名人であり、フックが歴史の傍流にいる理由をいくらか説明している。

だから一七〇一年にニュートンが、独自の温度目盛に取り組んでいると発表したことは驚くまでもないだろう。後年の調査で、実はそれがフックの標準温度計を基にしていたことがわかっている。しかしニュートンはそのことに触れず、自分はここ何十年まったく内緒で研究してきたのだと説明した。ニュートン目盛は、化学実験室で使うような高温ではたらくことを意図したものだった（ニュートンの研究は物理学や数学だけでなく錬金術も対象にしていた）。

目盛は雪の融点を〇度、台所の石炭の火を一〇〇度に定めた。水は三三°N（ニュートン度）、体温は一二°Nになった。秘密主義のニュートンは、どうやって石炭の熱に耐えられるガラスの温度計を作ったか説明しなかった。実際には、自身の冷却の法則を利用して目盛を振ったのだと考えられている。つまり解析的計算法を使って、長時間冷まして鉄塊のガラス製温度計で測れる範囲内になった元の温度を推定するというものだ。ニュートンは、同じように赤くなるまで熱した鉄は石炭の熾《おき》と同じ温度だと考えたのだ。*

＊一七七八年、フランスの博物学者でチャールズ・ダーウィンらに影響を与えた人物、ビュフォン伯ジョルジュ＝ルイ・ルクレールは、冷却の法則を使って地球の年齢を計算した。ビュフォンは、鉄球が（原始地球のような）赤熱状態から気温にまで冷えるのにかかる時間を計った。次に地球サイズの鉄球が同じだけ冷えるのにどれだけかかるかを計算した。答えは七万五〇〇〇年とまだまだ遠かったとはいえ、宗教指導者が喧伝していた数字の五七八二年から大きな進歩を見た。

ニュートンが自分の目盛を公表すると、それは即座にギヨーム・アモントンの批判を浴びた。このフランス人は、王立協会に匹敵するパリの機関、フランス科学アカデミーのメンバーだった。アカデミーには、すでにニュートンと対立していたヨーロッパの研究者が数人所属していた。アモントンは論争を期待していたわけではなく、また論争にもならなかった。その批判はきわめて理路整然としていたからだ。アモントンは、目盛を校正するのにあまりにも多くのあいまいな数値を使うことに異議を唱えた。ニュートンは温度単位を作るために体温――氷の融点より一二度高い――を使っていた。アモントンに言わせれば、体温では厳密さが不十分だった。夏の日中が五度（または四度かもしれないし六度かもしれない）、かき混ぜた湯に手を入れたとき耐えられる最大の温度が一四度と一一分の三というのもそうだ。アモントンの論評は、ニュートンの野心的事業すべてを疑問視していた。

一方アモントンは、熱の性質と物体に及ぼす効果に関して具体的な発見をしていた。アモントンは、さまざまな量の水と空気が入ったガラスのフラスコを水槽の湯に浸した。徐々に温度を上げていくと、フラスコの中の水は水槽の水と同時に沸騰した。これは、水の沸点が一定しており、加熱される水の量に影響されないことを証明している。さらに、ここが一番独創的なところなのだが、アモントンは加熱中のフラスコ内の圧力を計測していた。沸騰するまで加熱すると、すべて室温での気体の圧力から三分の一上昇した。フラスコの外側の気体も同じ変化をするだろうから、気体の圧力は気体の温度に比例するとアモントンは推論した。この関係は新たな気体の法則である。この法則はアモントンの法則と呼ばれることもあるが、これを使って一八〇二年に水の化学式（H_2O）を見つけだしたジョセフ・ルイ・ゲイ＝リュサックのものとされることが多い。

アモントンはそこで留まらなかった。気体の体積は圧力――空気ばね――に反比例するとボイルの法則が言っていることを、アモントンは知っていた。だから熱した気体が膨張することができた場合どうなるかを想像し、体積が三分の一増えただろうという結論に達した。圧力は不変であり続けるからだ。これは事実上第三の気体の法則だったが、公式化はアモントンの時代からさらに一〇〇年後で、歴史的にはシャルルの法則とされている。気体の体積は温度に比例するというものだ。

三つの概念をすべて組み合わせて、アモントンは注目すべき思考実験を考案した。三つの法則の単純な数学は、圧力と体積を掛けあわせたものが温度に比例すると言っている。これらの変数の現実世界における計算（気体の温度を算出するのに圧力と体積の数値を使う）には比例定数、つまり換算を行う不変の（そして未知の）数が必要だった。

さらにアモントンは、もし空気が熱すると膨張するなら――無限にと仮定して――冷やすと何が起きるだろうかと考えた。温度が自然界では経験したことがないほど低くなったことを想像すると、空気は液化し、それから凍結するだろうとアモントンは仮説を立てた。だがそうならず、単に収縮して体積が小さくなり、加わる圧力も小さくなったとしたら？「空気ばね」がゼロになるところがあるのだろうか？　あるとすれば、それは結果として温度の数値がゼロということだ。アモントンは幼少時に聴力を失ったが、その間違いなく騒動好き精神に、「絶対零度」という発想がいち早く聞こえていた。

四

一七〇二年、アモントンのとてつもない発想と同じ年、デンマークの天文学者が初の近代的温度計を作り出した。このオーレ・レーマーは二六年前、光速を初めて実験的に測定したことで、上流社会では名を知られていた。レーマーはこれを、一六一〇年にガリレオが発見した四個の「メディチ家の星々」のおかげでなし遂げた。ガリレオはこれらに自分のパトロンにちなむ名前をつけたが、現在では木星のガリレオ衛星として知られている。ガリレオは自作の最新式望遠鏡で、それが――地球では（そして太陽でも）なく――木星のまわりを回っていることを見抜いた最初の人物だった。以来衛星の軌道が計算されてきたが、出現は決まって予測より遅かった。遅れは、光が衛星から地球に届くのにかかる時間のためであることに――そしてこれを利用して光の速度が測定できることに――レーマーは気づいた。これは大した功績だ。レーマーには木星がどれくらい離れているかわからなかったが、地球の公転にともなう相対位置から計算した。結果として出た数字は二六パーセント遅かったが、最初にしては上出来だ。

話によるとレーマーは、脚を折ってベッドから動けず、暇を持てあまして退屈しのぎに温度計を作り始めた。すでに少なくとも一〇年前から、レーマーは気温を計測していたようだが、この機会にもっといい器具を作ろうとしたのだ。レーマーは、直径が均一なガラス管を探すのに時間を費やした。そのために水銀を一滴、てっぺんに落として、管の中を流れ落ちていくときの形状を観察した。通過するあいだに滴が太くなったり細長くなったりすれば、管が均一ではないということだ。それはゴミ箱行き、次を試す。完璧な管が見つかると、液溜まりとなる小さな球を端に溶着する――全体の長さは五〇センチほどになる。そこにサフランで着色したアルコールを満たし、校正に取りかかる。目標は、自分の目盛で一〇度上がるごとにアルコールが球の直径の長さだけ上がるようにすることだ。

レーマーがどうやって〇度を定めるに至ったのか、完全にはわかっていない。温度計製作者は、他人が同水準のサービスを提供できないように、正確な方法を秘密にしていたと言われる。レーマーは水の凝固温度で管に印をつけ、水の沸点でのアルコールの高さでもう一つつけた。それから管全体を八段階に区切り、上の印から数えて八番目になる水の凝固点以下を基準の間隔とした。上の点は六〇レーマー度、水の凝固点は七・五レーマー度だった。〇レーマー度は（デッラ・ポルタがやったような）水と塩の混合物の凝固点を表すようにされたが、これは後付けかもしれない。

いずれにせよレーマーは、他の器具に応用できる目盛を考案し、気温と体温を記録するための温度計を多数作った。こうした器具の評判を聞いて、若いドイツ人機器製作者、ダニエル・ファーレンハイトは一七〇八年にレーマーの元を訪れた。この話は、ファーレンハイトが老デンマーク人の方式にちょっと手を加えたというように語られることもあるが、実際はファーレンハイトがその後一六年かけて徹底的に何度も校正をやり直したのだ。

ガラス職人としての技術が決め手となって、ファーレンハイトは一七一四年に最初の実用的な水銀温度計を作ることができた。一七二四年には、レーマーの目盛を調整して、扱いにくい半度の点を取り去り、目盛上に三つの定点を置いていた。〇度は氷、水、塩の混合物の温度だった。ファーレンハイトは塩化アンモニウムと海塩の両方を用い、この工程は氷が溶けるのが早すぎないように冬に行うことを提唱した。いろいろな工夫で、もっと冷たい混合物もできてはいたのだが、この「冷却」剤が、ファーレンハイトが安定して作れるもっとも低温のものだった。

二つ目の定点は水の凝固点で、三二ファーレンハイト度、レーマー度の約四倍に設定された。第三の定点は体温——おそらくは口の中の温度——で、九六度だった。水の沸点は二一二°Fになった。

この目盛とそれを使った器具で儲けようとしたファーレンハイトの望みは実現しなかった。どちらかと言えばファーレンハイトは、知的財産を守ろうとして自分の技術をわかりにくくしすぎたきらいがあり、その結果、商売敵の製品より優れていることを顧客が理解できなかったのだ。ファーレンハイトは貧困の中で死んだが、その名は温度目盛の中に生き続けた。華氏は一九世紀まで広く使われたが、二〇世紀になると世界の大半で、少しずつセルシウス目盛に置き換えられていった（もちろんアメリカを除く）。

セルシウス目盛の誕生

セルシウス目盛は、以前はセンチグレードの名で知られていたが、一九四八年に改称された。この目盛の概念はファーレンハイト目盛よりも単純明快で、水の凝固点に〇度、沸点に一〇〇度を固定している。アンデルス・セルシウスはこの発想を最初に思いついた人物ではなく、最初のスウェーデン人ですらなかった。一七二〇年代にこの発想を実現しようとした数名のうちの一人が、ダニエル・エクストレームだった。フランス人のルネ＝アントワーヌ・フェルショー・ド・レオミュールは、水の沸点と凝固点を使ったが、そのあいだを八〇等分していた。レオミュールは、自分の目盛はファーレンハイトのものより単純で、論理的で、何よりドイツのものではないと主張した。とは言えこうした試みはすべて、完全な水銀温度計を目指すファーレンハイトのたゆみない試験と調整の恩恵をこうむっていたのだが。

天文学者のセルシウスは、一七四一年に自分の目盛を発表する数年前、凍てつくトゥーレを現実のものとして体験していた。一七三六年（ファーレンハイト死去の前年）、セルシウスはラップランドを旅した。気象サンプルを採取するためではなく、地球の形状を測量するためだ。当時フランスとイギリスの科学界のあいだで国際的に重要な議論が起きていた。共に地球は完全な球体ではないということでは一致していた。フランス側は、地球はレモンのような形をしている、つまり赤道が絞られて極が膨らんでいると言った。イギリス側は、ニュートンの見解を盾にとって、地球は自転の遠心力の影響でオレンジのように赤道が膨らんでいるのだと主張した。つまり極地はわずかに平たいということだ。

フランス王が北極圏のラップランドとエクアドル（赤道《イクエーター》上に位置することからその名がついた）への遠征のスポンサーとなった。両遠征隊は地球の曲率を計測し、（苦難の末に）帰還するとフランスの見解が間違っていることを明らかにした。

ラップランド滞在中、セルシウスは空気と氷の冷たさを正確に測るのに苦労した。ファーレンハイトはさまざまな温度帯向きに設計した温度計を作っていた――長いものはより低い温度を表示できた――が、明らかに低温側が不十分だった。帰還したセルシウスは、水の凝固点を一〇〇度、沸点を〇度とする百分度目盛を作り出した。極地を経験したことで、セルシウスの興味は高温より低温に向き、目盛はそれを反映していた。

一七五八年（セルシウスが早世してかなり経ったころ）、この不都合は修正された。地球上の生物を分類するために二名法の学名を体系化した植物学者のカール・リンネが目盛をひっくり返し、〇度は冷たく一〇〇度を熱くした。リンネの言い分が通っていれば、われわれは温度を°Lで測っていただろう。リンネはこの目盛を自分の考案だと言い張っていたのだ。しかし、最初はセンチグレードの、のちにセルシウスの略として、℃が標準になっていった。

気象条件の記録だけでなく、ヨーロッパ全土の大学で新たに創設されていた化学科でも、温度計の需要は高かった。ファーレンハイトはそれを見込みのある市場と判断して、この分野の有力者の一人だったヘルマン・ブールハーフェに話を持ちかけた。ブールハーフェはオランダの医師で、ライデン大学で化学を教えていた。

世界初の人工冷蔵装置

ブールハーフェの一七三二年の著書 *Elementa Chemiae*（化学の初歩）は、さまざまな物質への熱と低温の効果を調べるのに温度計がどれだけ使えるかの情報が満載されていた。これがスコットランドのウィリアム・カレンの目に留まった。カレンもやはり医師（しかも王の）だったが、ブールハーフェと同じく研究者として名を残した。

一七四六年、カレンはグラスゴー大学に勤務し、英国で初めて純粋に化学だけを講義する学者となった。グラスゴー市はのちに温度、低温、絶対零度の研究の中心地となるが、一七五五年にカレンは船に飛び乗ってエディンバラ大学へ向かい、物理学と化学の教授の職を得る。

その関心の多くは、液体の融点と沸点の一覧を作ることと、特にファーレンハイトが使ったような寒剤と、みずから熱を放出する「発熱」剤にあった。エディンバラでの一年が過ぎたころ、カレンは蒸発の冷却効果を研究する学生に触発された。

カレンは、弟子のマシュー・ドブソン医師――一般に当時の科学者は医者だった――に、さまざまな物質を液体と混合したときの温度変化を調べるという課題を与えた。これはほとんど一世紀前にボイルが行った研究の延長だった。ドブソン（のちにリバプールで医業に就き、砂糖と糖尿病に関係があることを発見した）は、ワインを蒸留して得たアルコールで実験しているとき、温度計を引き上げたあとで二、三度下がることを報告した。球についた揮発性の液体の薄い膜が蒸発するときに冷却されるのではないかと、ドブソンは言った。

繰り返し少量の酒精を球に塗ると、温度は水の凝固点よりも下がった。エディンバラの研究室はすでに寒かったことに注意する必要はある。彼ら先進的科学者は、気温が七℃（四四℉）しかなかったことを記録している。

さまざまな物質でさらに実験を進めた――ラー油まで試してみた――ところ、揮発性の高い液体を使うほど冷却効果は際だつことがわかった。しかし強酸を使ったとき、カレンは例外を発見した。温度計の表示が上がったのだ。球の上の液体が空気中の水分と反応して熱を発し、蒸発による冷却効果を隠したのだと、カレンはすぐに結論づけた。

温度計を真空槽に入れたまま空気を抜くと、表示が低下することにもカレンは気づいていた。しばらくすると温度計の表示は、装置の外の表示と同じに戻った。温度の低下は、真空ポンプの作動前に球がアルコールで濡れていると顕著だった——濡れていない温度計よりも大きく、濡れた温度計を空気中で蒸発するに任せたときより大きいのだ。

真空ポンプは蒸発速度を速め、冷却効果を高めるのだとカレンは予想した。カレンはこれをさらに詳しく調べてみることにした。容器に水を満たして、その中に今度は「亜硝酸エチル」を満たした小さな容器を入れる。これは低温で沸騰する揮発性の液体で、アルコールに硝石と強酸を混ぜて作られる。当時は医薬品として使われ、婉曲に「甘硝石精」（フランシス・ベーコンが子犬に与えた物質に似たものだ）と言い換えられていた。一組の容器は真空チャンバーに納められ、亜硝酸エチルが急激に蒸発するまで空気が抜かれる。冷却効果は一目瞭然だった——大きな容器の水は氷になった。

カレンは初の人工冷却装置を発明したばかりだったが、あまり関心を持たれていなかった。自分の発見を十分に周知できなかったのだ。しかし、もう一人のカレンの弟子でスコットランド啓蒙主義の新星、ジョゼフ・ブラックが、この熱と低温の研究と、生じた疑問に興味を抱いた。まず自問したのは、雪や氷は一夜にして街路を覆うが、再び暖かくなっても、解けて消えるまでには数日かかることが多いのはなぜかだった。ブラックの研究は、熱と温度は同じものではないことを明らかにした。その代わりとなったのが新たな熱と低温の源——熱素《カロリック》——であり、新たな物質の捉え方であった。

第5章　熱素ともう一つの「空気」

太陽が出ていないか活動が弱まっている場合、あるいは日光がもっとも弱い地方から風が吹いている場合を除けば、私は寒さの一般的なきっかけや原因について無知である。それゆえ、寒さが熱の減少以外の何かであると考える理由を、私は見いだせない。

ジョゼフ・ブラック、一八〇七年の遺稿講義録より

物質と熱

ジョゼフ・ブラックはスコットランド科学界の英雄で、国内でなされた多くの発見がその名に結びつけられている。そしてスコットランドは、特にその気候は、ブラックが長きにわたり雪と氷について熟考した理由の一つなのかもしれない。ブラックはボルドーに生まれ育った。父はそこでワインを商っていた。一二歳までガロンヌ川流域の温暖な気候の中で過ごしたブラックは、正式な学校教育を受けるため一七四〇年に英国に移った。

ウィリアム・カレンの元でグラスゴー大学に学んだブラックは、一七五四年には医師の資格を取得し、カレンがエディンバラ大学に移るとその後任となった。カレンが蒸発による冷却効果を研究していた一七五五年と五六年は、ことのほか寒い年で、雪が何週間も残っていた。加えて当時の平均気温は、今日では小氷期の名で知られる気象現象のため、現代より低かった。北ヨーロッパ（そしておそらく世界各

地）は一四世紀から一九世紀にかけて寒冷化していたのだ。しかし当時としては、それはありふれた気候であり、楽しむにせよ耐えるにせよ研究するにせよ、氷はそこらじゅうにいくらでもあった。

カレンによる初の冷却実験の報を聞いて、ブラックは恩師に手紙を書き、自分も現在空気の性質に熱中しているので、この現象をより深く探究してほしいと頼んだ。しかし一七五七年に昇進してグラスゴー大学の医学正教授になると、いかにして水が凍ったり氷が解けたりするかを、みずから探究する時間の余裕ができた。

講義録によれば、ブラックが自分の研究分野にたどり着いたのは、少なくとも一つにはその長く寒い冬の観察があったからだった。

氷や雪の解け方に注意すると……厳寒のあとに暖かい日が来ると、最初どれほど冷たかろうと、すぐに融点まで温まる、つまり表面が水になり始めることに、われわれは容易に気づく。そして通説に十分な根拠があるとすれば、雪や氷が完全に水になるのに、あともう少し熱を加えるだけでいいのなら、相当な大きさのある塊でも周囲の空気から熱が絶えず伝わり続けて、わずかな時間で完全に解けるはずだ。本当にそうであるならば、結果は恐ろしいものであるだろう……。なぜなら、現状でも大量の雪や氷が解けてすさまじい急流と大規模な氾濫が、北国では起きているからだ……。しかし氷雪が、必然的にそうなるとされるほど突然に解けるとすれば、それらが解ける際の熱の作用について先の見解が根拠のあるものだとするならば、急流と氾濫は今と比較にならないほど圧倒的で恐ろしいはずだ。それは何もかも引き裂き押し流してしまうだろう。しかもあまりに突然に起きるので、その破壊から人類が逃れることはきわめて困難であることだろう。

人類にとっては幸いなことに、そしてブラックにとっては興味深いことに、そのような急激な液化は起きない。それどころか、降り積もった冬の雪が解けるには何週間もかかることがある——そして高山の雪はひと夏残っている。

温度は、ある種の物質が物体に出入りした結果であるという理論を、ブラックは支持していた。ブラックはこの物質を著作の中で「熱素《カロリック》」と呼んだ。もっともそれは火の要素であるフロギストンの概念と、まだ深く絡みあっていて、多分に同じものであったが。

低温はカロリックの欠如の産物であると、ブラックは確信していた。低温自体がカロリックと等価で反対の効果を持つ物質であるという発想は毛頭なかった。

多くの哲学者が、こうして熱に関するぼんやりとした俗説に同意してきた。熱は、熱い物体に備わっている積極的性質つまり能動的な力であり、それが冷たい物体に影響を及ぼすというものだ。中にはこの見解に完全に一致していない者もいる。ある物体が温度の違う別の物体に作用するさまざまな事例のすべてにおいて、彼らはそれを支持しているわけではない。低温の物体が能動的な塊であるか、能動的物質を含んでいて、高温の物体が受動的物質として影響を受けたり、何かが加わったりする場合もあると、彼らは推定してきた。たとえば氷の塊や、非常に冷たい鉄の塊を温かい手の上に置いたとする。彼らの推測では、熱が温かい手から氷や冷たい鉄に伝わるのではなく、氷や冷たい鉄の中に、大量の霜の微粒子、つまり寒冷粒子があって、それは非常に冷たい物体からそれほど冷たくない物体に伝わる傾向を持ち、また低温の影響や結果、特に液体の凍結は、この寒冷粒子のはたらきによるものであるという。彼らはそれをスピキュラすなわち小さな矢と呼び、この形態が鋭い痛みの感覚をはじめとする極度な冷たさの効果をいくつか説明すると考えている。

これは、しかしながら、根拠のない想像の産物である。

一七六一年には、周囲の空気がかなり温かくなっても雪が残る理由を、ブラックは発見していた。そのためにブラックは、まず熱が他の物質に及ぼす効果を研究した。その初期の発見の一つは、物質はそれぞれ異なった熱容量、ブラックの観点ではカロリックの容量を持つことだった。

ブラックは、鉄の塊と木片を、当時グラスゴーの暮らしでふんだんに手に入った雪の中で冷やし、「熱容量」が一様でないことを示した。しばらく放置して冷やしてから拾い上げ、片手に一つずつ持つ。金属は木より冷たく感じられ、すでに見たようにブラックは、それは金属が木よりも素早く手から熱つまりカロリックを奪うからだと、（部分的に）正しく推論している。それはまた、金属の熱容量（今日では比熱として知られている）が小さいということでもある。言い換えれば、温度を上げるのにわずかなカロリックを加えればいいということだ。水は対照的に熱容量がはるかに大きい。熱は水にゆっくりと作用する――目立った温度の上昇なしに多量のカロリックを取り込むことができる――ようだ。

ブラックの次の研究段階は、温度計の精度が頼りだったが、それはその時点で必ずしも実証されたものではなかった。そこでブラックは、物質が熱でどう変化するかの調査へと移った。熱することができる（そして燃えない）もの――主に金属と液体――はほとんどすべて、温まると膨張し冷えると収縮することをブラックは証明した。しかし、ここが重要なのだが、重さは同じままだった（ブラックはわずか二二歳のとき、すでに超精密天秤を設計して名をなしていた）。もろい物体にひびが入りやすいのは、熱がむらなく入っていないからだと、ブラックは考えた。温まった部分が膨張する一方、そうでない部分があるため、ばらばらになってしまうのだ。

この膨張法則の例外が、言うまでもなく氷で、凍ると膨張する。このことに対するブラックの見解は、エドム・マリオットとジャン＝ジャック・メランの研究に依拠していたのだろう。マリオットはロバート・ボイルと同時代人で、マリオットの法則はボイルの法則のフランス版（まったく同じことを言っているのだが、フランス人の発見とされている）だった。一方、メランによるもう一つの蒸発の研究は、ウィリアム・カレンが冷蔵庫の原型を生み出す基となる着想の一つであった。この二人のフランス人は氷の膨張を測定した。それは同時代人の多くがやはり考えたことだった。* メランは、いったん沸騰させた水を凍らせると、その体積は数百分の一しか増えないことを発見していた。沸騰すると水に溶けていた空気が追い出されるのだ。しかし、沸騰させない水——空気をたっぷり含んでいる——は約一〇分の一膨張する（違いは明白だ。純水の氷はぞっとするほど青いが、私たちが見る氷の大部分は、細かい空気の泡を含んで白く曇っている）。

＊オランダの科学者クリスティアーン・ホイヘンスは、氷の膨張力でもっとも強力な大砲の砲身を割って見せさえした。

膨張は、部分的には空気があることで起きるとブラックは推論したが、水の粒子をもっとかさばる配列に並べ直す何らかの未知のメカニズムによるものでもあるという仮説も立てた（これこそまさに分子間力のはたらきで起きていることであるが、二〇世紀になってしばらくするまで完全にはわからなかった）。のちにこの問題を扱った講義で、ブラックはフランス人アントワーヌ・ボーメの発見に言及した。水は冷やすと（他のものと同じように）収縮するが、凝固点近く（現代の数字では約四℃、ボーメのは少しはずれていた）になるとまだ液体の状態でも膨張し始めることに、ボーメは気づいていたのだ。

膨張と収縮の研究から、ブラックは、温度計の水銀の動きが温度の変化を正確に反映していることを確信した。今まさにブラックは、水と氷の温度変化のしかたを記録しようとしていた。これには、熱平衡の名で現在知られる概念を実験することが要求された。ブラックはこの基本的な考えに初めて着手したのだ。

温度計の助けを借りなくても、熱が高温の物体から低温の周囲へ拡散し、やがてその中で分配され、それ以上他から熱を奪うものが何もない状態になるという傾向があることが、われわれにはわかる。こうして熱は平衡状態になるのだ。

熱平衡の解明

英国の数学者ブルック・テーラーが一七二三年に行った実験で、これはすでに立証されており、ブラックは一七六〇年に再現している。一ポンドの湯を一ポンドの水と混ぜると、温度が両者の中間の水が二ポンドできる。今日では当たり前のことのように聞こえるが、温度計のたゆみない発達と徹底した検査なくしては、ブラックの研究まで確信を持てる者はいなかった。

わかり切ったことかもしれないが、話が氷だと少々厄介になってくる。理由はこうだ。氷が解けるとき——山の頂上で、街頭で、グラスゴー大学の肌寒い研究室で——周囲の空気と熱平衡になる。試料の氷に比べて、周囲の空気の量ははるかに大きい。そのため氷水の温度の上昇に見合う気温の低下を定量化するのは決して簡単なことではなく、一七六〇年代には不可能だった。

代わりにブラックは、氷と水が空気と平衡に達するのに要する時間を比較した。同一のフラスコを二個用意し、それぞれに同量の水を入れる。一方は寒剤を使って凍らせ、もう一方は凝固点のできるだけ近くまで冷やす。フラスコの内容物の温度は可能なかぎり近くなったはずだ。二つの容器はすぐに隙間風などの外乱から遮断された大広間に運ばれ、部屋の中央に吊るされた。その間隔は同じ温度の空気にさらされるように近く、しかし互いに影響しない程度には離れていた。それから温まるまで放置される。

ホールは暖かく保たれていたとブラックは言うが、それでも気温は四七°F、摂氏なら八℃で快適にはほど遠い。半時間後、水のフラスコは四〇°F（約四℃）に達したとブラックは報告している。この時点で氷のフラスコはほぼ水になっていたが、まだ溶けずに残っている氷もわずかにあった。ブラックは、まだ底のほうに貼りついている氷の塊から離れた、縁の直近で水温を測った。やはり四〇°Fだ。しかし、空気の熱が水を通って氷まで伝わるのにはかなり時間がかかるのではないかと、ブラックは考えた。ブラックは正しかった。フラスコの水が全部溶けて、水が四〇°Fに達するまでには一〇時間半かかった。

温度の上昇はほぼ同じだったが、氷はそのために二一倍の熱の流入を必要とした。直感に反して、熱と温度は同じものではないことをブラックは発見したのだ。

次に、ブラックは短時間でできる実験を思いついた。もっともそれは、かなり余計に手間がかかった。氷のサンプル全体が濡れてきて融点に達したことがわかるまで待つ。そうしたら手の熱が伝わらないようにウールの手袋をはめてすくいあげ、重さを量る。実際には、急いで天秤にかけて同じ重さの砂と釣り合いを取り、あとで砂の質量を測った。それから溶けかけの氷を一定量――やはり正確に測定されていた――の水の中に落とした。水はあらかじめ一九〇°F（八八℃）に熱してあった。氷はすぐに溶け、あとの水の温度が計測された。

二つの成分の温度差は一五八°Fだったが、ガラス容器の加温と、氷と水の質量が同じでないことを、ブラックは説明しなければならなかった——とは言えさほど大きく外れてもいなかったが。計算によれば、混合物中のすべての熱が温度の上昇として観察できるとしたら、八六°F上がるはずだった。実際の上昇は二一°Fにすぎなかった。

これは大きな一歩だった。ブラックは、温度として計測しうる——あるいは肌に感じる——熱を「知覚できる」熱（顕熱）と記述した。しかし、水に溶ける氷によって温度計では見えない熱もある。これをブラックは潜熱と呼んだ。

三重の確認のために、ブラックは今度は厳しい冬の寒気を利用して、プロセスを逆転させた。同一の体積の水を二つ、寒気に曝してひやす。一方は純粋な水、もう一方は塩とアルコールを混ぜて凝固点を下げてある。啓蒙運動時代の不凍液だ。両者の水銀温度計の表示は、水の凝固点までは同時に下がった。それから、まわりに氷ができるあいだ、温度計の表示はそこから動かなかった。一方、塩とアルコールを混ぜたものは同じ速度で冷え続けた。

ブラックの説は、熱——カロリック——はいずれも同じ速度で失われているが、水が氷に転移するときに失われる熱は潜熱であるというものだ。ブラックは、カロリックが粒子（これを指して「原子《アトム》」という語を使ったが、この当時原子は純粋に理論的存在だったことに注意が必要だ）に囲まれていると仮定した。温度計が捉えた冷却の中断は、液体の水の「原子」が、氷の形態のときよりはるかに大きなカロリック粒子のクラスターを捕まえているからだと、ブラックは説明した。凍るためには、クラスターはかなりまばらになる必要がある。そのとき初めてカロリックが失われ、その結果顕熱が低下するのだ。

溶けるためには、氷の粒子は水になるために十分なカロリックを集めなければならない。ブラックは、同じ過程が沸騰と凝集でも起きていることを証明した。水が水蒸気になるには、さらに大きな見えないカロリックの流入が必要なのだ。

低温を発生させる単独の物質としての寒冷物質の考え方は、当時まだ一部で唱えられていたが、熱素論は（親戚筋のフロギストンと共に）ほとんどの科学者が受け入れている有力な説だった。問題は、それはどういう類いの代物で、どこから来るのかだ。それに答えるため、まったく新しい役者が舞台に立つことになる。

四

次の幕はなじみの顔による気楽な冒頭シーンで始まる。科学の新たな分野が興り、そこでは空気がついに気体の混合物であって元素などではないことが証明された。この物質の新しい家族は、燃焼の問題を解決し、なぜものが燃えるのかを説明し、それによって熱の研究を前進させることになる。この科学は空気化学と呼ばれた。そしてその創始者は他でもない、われらの友人ジョゼフ・ブラックだった。

まだウィリアム・カレンの元で医学生だったころ、ブラックは博士論文のテーマに腎臓結石の研究を選んだ。具体的に言えばブラックは、手術せずに結石を取り除ける薬を見つけようとしていたのだ。当時外科は、医師養成過程の一部として認められていたが、それでもまだ知識に基づく技術というより手仕事であると考える者がいた。何しろエディンバラ王立外科医師会は、理髪師組合から分かれたばかりだったのだ。実用的な麻酔が使われるようになるのは何年もあとで、したがって腎臓結石のようなありふれたものでもきわめて大きな苦痛を伴う処置が必要とされた。処置のあいだ患者は、ずっと意識があるままで、その後は切開の結果起きた感染症と闘わねばならなかった。

生石灰とマグネシアと気体の発見

学部生だったブラックの発想は、化学という新しい学問の力で石を取り除くというものだった。ブラックは石を体内で溶かすことのできる薬を探し始め、その最初の候補に挙がったのが生石灰だった。ブラックは、生石灰が腎臓結石を壊すことを知っていたが、それが軟組織も破壊してしまうこともわかっていた。今われわれは、生石灰が酸化カルシウムであること、これが水と反応し、空気中から水を取り込みさえして水酸化カルシウム（消石灰）になることを知っている。この過程で大量の熱が発生する。生石灰が体組織と接触すると、この反応が組織の水分を利用して、重度の火傷を引き起こす。

この事実だけでもブラックは、生石灰を腎臓結石の万能薬にしようとするのをやめただろうが、当時は誰ひとりとして生石灰が何なのか、本当に知る者はいなかったことにも注目すべきだ。その製造法について、ブラックの指導者たちのあいだでも意見が一致しなかった。ある者はカキの貝殻の「灰」から作れると言い、またある者は石灰岩を「焼く」ことで作ると主張した。実際はどちらの工程でも同じものができるのだが、化学が誕生したばかりだった当時、同一の物質が外見上異なる原材料から作れることなど誰にもわからなかった。

聡明な若きブラックは、代わりにマグネシア・アルバを使うことで問題を回避しようとした。アルバという語は白を意味し、これが古代からよく知られるミネラル（土類）の一種、マグネシアの白い結晶質であることを表している。マグネシアは、かつてその名の古代王国が存在したギリシャ北部の一地方に由来する。この地方では磁鉄鉱が豊富に産出するため、マグネットという語も同じ語根を持つ。

マグネシア製剤は何世紀にもわたって医療目的で使われていた。もっともよく知られるのが緩下剤としてだ。ブラックは、とある昔の研究者によるマグネシアの研究に注目したと書き記している。「マグネシアはきわめて無害な薬品のようだが、それでも心気症患者でこれをひんぱんに用いている者の中には、鼓腸や痙攣が起きやすいことが観察されたため、何らかの毒性があるのではないかと疑っていたらしい」。

マグネシアは造岩鉱物であり、大理石の中によく見られる天然の形の炭酸マグネシウムだ。人間が飲むと胃酸と反応してあらゆる消化不良を落ち着かせ、また、水分を大腸に引き寄せて中のものを緩くするのを助ける。一九世紀に開発された作用のおだやかなものは、水酸化マグネシウムを含み、同じはたらきをする。これはマグネシア乳として知られている。

マグネシア・アルバは同族の物質から出たようだが、はっきりした特徴がある。産出地が特定できないのだ。金属マグネシウムの名前がついているのは、明らかにこれらの鉱物にそれが含まれているからなのだが、同じ地域が原産の黒い土、マグネシア・ネグラはまったく別物の金属、マンガンを含む（もっとも名前の由来は同じなのだが）。

マグネシア・アルバは硝石生産の残りものか、海水を煮詰めて残った塩を使っても作れるとブラックは聞いていた。しかしブラックは、サンプルをエプソム塩から複雑なプロセスで抽出して入手していた。エプソム塩も結晶質の民間薬で、ロンドン南方の丘陵地に大きな鉱床があることから名付けられた。

精製してしまうと、マグネシア・アルバはアルカリ土類、ただし反応性が弱いものであることをブラックは知った。当時まだ、結晶性粉末はすべて土と表現されていた（似たような固体で粉末にできないものは石とされていた）。アルカリという語は、酸と混ぜたときの作用を表していた。アルカリは「焼いた灰」を意味するアラビア語から派生し、活性の高い化学物質を木灰から作った錬金術の初期の時代にさかのぼる。

古代の起源はどうあれ、アルカリは現在も、酸と反応して塩を生成する水溶性の化学物質を表す語として使われている。塩という語は、食べ物に振りかけるものの意味で使われているが、それとは別に化学者は、不活性で中性の物質として理解している。これは今日に至るまでパラケルススの定義にしたがっているものだ。

マグネシア・アルバは腎臓結石の治療にまったく役に立たないことがすぐにわかったが、ブラックはそのことを大して気にしていなかったようだ。その化学への関心に比べれば、医学論文を延期しなければならないことなどなんでもなかったのだ。それどころか医学研究への意欲のなさは、ブラックが、卒業しても仕事が見つからないと気づき、代わりに教職――結果的には彼の天職だった――で食っていかなければならなくなったことの表れだった。

マグネシア・アルバの結晶に酸を加えると泡立ち、「空気」が発生することにブラックは気づいた。ブラックが使った酸はスピリット・オブ・ビトリオル、硫酸の古い――そしてもっと風情のある――呼び名だ。次にブラックはマグネシア・アルバの試料を熱した。これには目に見える影響がなかった――粉末は白いままだった――が、酸を加えても泡が出ることはなくなった。加熱によってマグネシア・アルバに含まれる「空気」を生成する成分が抜けたというのがブラックの仮説だった。

次の段階は放出された「空気」を集めることだ。これは不可能であることがわかった。通常のやり方は、水の入ったフラスコに通して、上部に一つの大きな泡として集めるというものだ。謎の空気は水に溶け、消え失せてしまうのだった。

ブラックは新しい方法を試すことにした。加熱する前と後でマグネシア・アルバの試料の重さを量ったのだ。重量は減っており、この減少分は未知の空気が放出されたためだと、ブラックは推論した。ブラックは同じことを酸とマグネシア・アルバの混合物でも行い、合計の重さを、反応が終わって気体の放出が止まる前と後で記録した。二つの実験は同じ結果をもたらした。したがって酸の作用は、熱と同じ効果を持つのだ。

次にブラックはすべての逆をやった。マグネシア・アルバを熱して空気を追い出し、残りを酸に溶かす。それから別の温和アルカリ――おそらく白亜か乾燥石灰石――を混合物に加える。第二のアルカリは同じように泡立ち、できた混合物を分析すると、再びマグネシア・アルバが含まれていることがわかった。

ブラックは泡の中の気体に名前を与えた――固定空気だ。この語によりブラックは次のように提唱した――空気の一部の成分はマグネシア・アルバに吸収すなわち「固定」され、熱するか酸と反応したときだけ再び放出されるのだ。同じ「固定空気」が別の温和アルカリにより放出されているので、ブラックはそれが至るところに存在すると考えた。

この気体は純粋な水には影響しないが、石灰水には多少の作用があった。石灰水は、大量の水を生石灰に加えて固体を完全に溶かしたもので、できた液体は、まあ純粋な水のように見える。固定空気の泡を石灰水に通すと、それは白く濁った。薪からの煙で同じことが起きるのはすでに知られていた。ブラックはこれを、固定空気と火の作用が何らかの形でつながっている証拠だと考えた。

これらに対する現代の説明はきわめて単純明快だ。マグネシア・アルバは炭酸マグネシウムである。これを熱すると壊れて酸化マグネシウムになり、二酸化炭素ガスを放出する。炭酸マグネシウムを酸、この場合は硫酸と反応させると、硫酸マグネシウムという塩と水と二酸化炭素ガスができる。反応する混合液からぶくぶく出てくるのが見えるこの気体――ブラックが言う「固定空気」――が、加熱によって出てくるのと同じものなのだ。

すべての炭酸塩、ブラックの言う温和アルカリは、同じふるまいをする。石灰石は主に炭酸カルシウムからできており、カキなどの貝の殻も同様だ。炭酸カルシウムを熱すると酸化カルシウム、つまり生石灰ができる。そこに水を加えると消石灰、水酸化カルシウムになり、これが石灰水の有効成分だ。水酸化カルシウムは二酸化炭素と化合して再び炭酸カルシウムになり、この固体の微粒子が水中にできて、目に見える白い濁りを作る。

発見物をさらにいろいろなものと混ぜて、発酵によってできた空気、つまりガスにも、また人間の呼気にも、固定空気が含まれていることをブラックは知った。さらに実験を進め、鳥やネズミを固定空気の瓶に入れて、窒息死するのを見た。通常の空気と違い、固定空気は生命を維持することができなかった。

この綿密な実験により、固体試料の重さの変化はすべて固定空気の増減によるもので、それ以外の何ものでもないことが示された。それでもブラックは、その過程を説明するにあたって、フロギストンを混合物の中に入れた。

すでに述べたように、火のフロギストン説はそれより九〇年前、燃焼の際に重さが減る――これがフロギストンの放出である――という観察に基づいて提唱された。のちに、ある種の物質、たとえば金属は燃焼すると重量が増すことがわかった。金属を灰化するには大変な労力がかかるので、大量のフロギストンがその過程で放出されることが提唱された。生成物の重量が増すほど大量に！　どうやらフロギストンには反重量、あるいは浮力のような性質があるようだ。

一見したところ、ブラックほどの厳格な人間が、こんな明らかに根拠の不確かな理論を引き合いに出すなど意外かもしれない。だが、ブラックは、自分の実験で見られた熱の作用を説明する言葉を他に知らず、フロギストンという語を使うしかなかったのだ。それでもブラックはフロギストンを、単なる炎として噴き出す火の成分としてだけでなく、より微妙な含みを持つものとして理解していた。フロギストンは、必ずしも燃やすことなく物質の性質を変えるという、また別のふるまいもできるのだとブラックは示唆した。

フロギストンは、熱すると温和アルカリの中に入り、固定空気を追い出すのだとブラックは提唱した。燃焼する物質に作用する熱も同じプロセスで固定空気を放出させる――これが重さの減る原因だ。ブラックはこれを、物質に他の変化を起こす因子、今日なら単に「エネルギー」と呼ばれるものと似たようなものとしても使った。

代わりの理論が提案されると、ジョゼフ・ブラックはすぐさまフロギストン説を放棄したが、それには最初の発見にさらにいくつか「空気」がつけ加えられるまで待たねばならなかった。

四

一七五六年にジョゼフ・ブラックが「固定空気」について発表してから一〇年後、ロンドンの若い科学者がもう一つの「空気」を見つけた。それもやはり、固体の内部に閉じこめられていたようだった。研究者の名前はヘンリー・キャベンディッシュ、貴族の科学者一家の出だった。若いヘンリーは控えめに言っても非社交的で、初期の経歴は父チャールズ・キャベンディッシュ卿という後ろ盾に多くを負っていた。チャールズは息子ヘンリーをわずか二九歳で王立協会会員の地位に就けた。ヘンリーはロンドンの父の家に、自分の居室と専用階段でつながった研究室を作って、住居兼仕事場とした。彼は大部分の時間をただ一人で過ごし、家族とも使用人ともメモでやりとりした。友人が来るのは、仮に来たとしても、もっとあとになって、ヘンリーが王立協会の会合には欠かさず出席するものの、もっとも寡黙な会員になってからの話だった。

しかしキャベンディッシュ家の科学とのつながりは無駄にはならなかった。のちにヘンリーは、ニュートンの万有引力の法則で使われる重力定数を計測する装置により、地球の「重さを量る」ことに成功する。だが、私たちの物語への関わりが始まるのは一七六六年、金属から放出される「空気」に関する初期の研究を発表したときのことだ。

新たな「空気」の発見

ブラックがやったように、キャベンディッシュは、鉄を強酸に落としたとき細かい泡が発生する（実際には多くの金属で同じことが起こるのだが、一八世紀には銅、銀のような不活性金属しか手に入りにくく、こうしたものでは起きなかった）のを観察することから研究を始めた。ブラックの「固定空気」とは違い、キャベンディッシュが観察した気体は水とあまり混ざらず、そのため冷却水槽に導いてガラスのフラスコや紙風船に溜めることで、大量に集めることができた。

キャベンディッシュは集めた気体を「燃える空気」と呼んだ。火をつけると気体のサンプルは、黄色い炎を上げ、大きな破裂音や甲高い音を立てて勢いよく燃えた。さらに「燃える空気」は非常に軽く、まわりの空気に比べるとほとんど重さがないこともわかった。

この速燃性で超軽量の物質は、純粋なフロギストン、火の因子そのものなのだろうか？　この疑問が未解決なままに「燃える空気」は、隠遁するキャベンディッシュのように、しばらくのあいだ舞台裏に引っ込み、新たに二つの「空気」が表舞台に立つことになる。

ジョゼフ・ブラックの「空気」に関する研究の今なお残る遺産は、「固定空気」をある種の「悪い空気」、体内で生命を燃やし続ける炎を含め、火の汚い副産物として見るようになったことだ。したがってそれは、燃焼を助ける「良い」空気の成分があることを前提としていた。

一七七二年、科学の歴史は繰り返した。ダニエル・ラザフォードはジョゼフ・ブラック（このときはエジンバラ大学で教えていた）の元で教育を受けていた医学生だった。ブラックがそうしたように、ラザフォードは論文テーマに空気の研究を選んだ。*

*ラザフォードが、指導教官と同様に、医師ではなく学者になることを選び、のちに植物学を専門としたことも印象深いのではないだろうか。

ラザフォードは、フラスコに密閉されたろうそくの炎が消えること、フラスコ内にあった元の空気の一部が固定空気に変わっていることを示した。ここからラザフォードは、「悪い空気」には燃焼や生命を妨げる何らかの要因が含まれているという仮説を立てた。固定空気は残りの空気を汚染し、「悪く」するのではないかと考えたのだ。

これを試験するために、ラザフォードはこれまでのように逆さまにしたフラスコの中でろうそくを燃やし、サンプルから「良い」空気を取り除いた。次に残った空気を石灰水に通して固定空気を抜いた。しかし、こうしたあとに残った空気は、相変わらず「悪い」空気だった。それは炎を消し、フラスコに入れられた不運な動物たちを殺した。

気づいてはいなかったが、ラザフォードは、地球の大気の大半、七八パーセントを占める窒素を分離していたのだ。ラザフォードはそれを新発見の化学物質とは認識せず、説明のためにフロギストン説を展開した。気体につけた名前は「フロギストン化した空気」というもので、その背景にある考え方はこうだ。ろうそくを燃焼させればフロギストンが空気中に放出され、フラスコの内部に捉えられる。ある程度のところで空気はフロギストンで飽和し、それ以上吸収できなくなる。これがフロギストン化だ。こうなると燃焼が止まる。

次に発見された気体は、空気の「良い」部分であり、それは最初ほとんど同じような扱いを受けることになる。発見の立役者は英国人のジョゼフ・プリーストリー、聖職者から化学者に転じ、世界を変える発明により王立協会の最高の賞を与えられたばかりだった。プリーストリーの功績は、新しい動力でも強力な機械でもなかった。それは炭酸水だった。

一七七〇年、会衆を求めてリーズに赴いた（結局見つからなかった）のち、プリーストリーは醸造所の隣に滞在した。ブラックは発酵を固定空気の発生源だと言っていたので、プリーストリーはこの醸造所を研究所代わりにして、新しく見つけた趣味の化学に没頭した。プリーストリーは動物を醸造槽の上から吊るして、発酵途中のビールから立ち上る気体が、本当に固定空気を含むことを確かめたとされる。チョウ、カエル、ハツカネズミ、いずれもガスでやられ、固定空気の存在を証明した。ブラックと同様に、プリーストリーは気体が水に溶けやすいことに気づいたが、さらに混合物を飲んでみることまでした。それは驚くほど爽快な飲み物であった。当時最高の科学賞に加えて、「ソーダ水」はプリーストリーにイングランド上流階級への足がかりを与えた（炭酸水を現在のような数十億ドル規模の世界的産業にしたのは、スイスの時計技師ヨハン・シュウェッペだった)。

プリーストリーはシェルバーン伯爵に請われ、その秘書兼科学仲間となった。ウィルトシャー州ボーウッドハウスにある伯爵の邸宅(その小さな研究室は現存し、公開されている)に住み込んだプリーストリーは、気体化学に没頭する時間が大幅に増えた。その発見はのちに著書 *Experiments and Observations on Different Kinds of Air*(さまざまな空気の実験と観察)に記録された。

プリーストリーがまずやったのが、水の代わりに水銀を通して固定空気を集める手段を開発したことだった。それから同じ手法を使って硝石の空気を集めた。この気体は、金属、たいていは銅を硝酸に落とすと発生することをプリーストリーは知っていた。今日われわれには、この無色の気体が一酸化窒素であることがわかっている。

プリーストリーはそれから、鉄粉と硫黄で処理した硝石の空気の中にろうそくを置くと、より明るく燃えることに気づいた。プリーストリーは、結果としてできた物質を「脱フロギストン化した硝石の空気」と呼んだ。フロギストン説を背景に、初めの硝石の空気はフロギストンが飽和に近く、そのため燃焼を助けなかったとプリーストリーは考えた。しかし処理された空気はフロギストンを鉄粉に与えてしまう。それでろうそくを中に入れると、周囲の脱フロギストン気体が炎からフロギストンを受け取る能力が増している。

実際に起きていたことは、鉄が一酸化窒素ガス(窒素原子一個と酸素原子一個からできている)を亜硝酸ガス(酸素原子一個につき窒素原子二個からなる)に変えたというものだった。それは純粋な酸素を混合物中に放出し、これがろうそくを明るく燃やす。まだ気付いていなかったが、プリーストリーは純粋な酸素を作り出していたのだ。

酸素が燃焼に果たす役割を化学が明らかにするまでには、まだ多少先があった。次の手がかりは、硝石の空気（一酸化窒素）を空気と混ぜることで得られた。それは自然に分解して赤茶色の蒸気が発生した（これが二酸化窒素、車の排ガスが茶色になるもとだ）。この反応を起こすのに炎やその他の熱は必要なく、反応が完了すると、気体の体積が常に五分の一減少することにプリーストリーは気づいた。減った気体の体積はやはりフロギストン化していた——言い換えれば、中で何も燃えなかった。

「オキシジェン」誕生

失われた二〇パーセントの体積は「良い」成分、つまり「脱フロギストン化した」空気に違いないと、プリーストリーは理解した。しかし、この脱フロギストン化した空気のサンプルを作るのに、プリーストリーは二年ほどを要し、その発見はほとんど偶然によるものだった。一七七四年八月、プリーストリーは、毒々しいオレンジ色をしたきわめて毒性の高い化学物質、酸化第二水銀を熱してガスを生成していた。脱フロギストン化した硝石の空気のように、この新しい気体はろうそくの炎の勢いを増し、熱い木炭さえも真っ赤な熾き火に戻すところが見られた。硝石の空気と混ぜても、赤い蒸気を作り出し、残った気体は依然燃焼を助けた。これではっきりした——この気体が純粋な脱フロギストン空気なのだ。

プリーストリーはこの結果に驚いたことを告白している。

> この実験によって何をもくろんでいたか、今となっては思い出すことができない。だが、そのような結果は予想だにしていなかったことは覚えている。しかし、何か他の目的のために、たまたま目の前のろうそくに火をつけていなければ、おそらくこの実験をしなかっただろうし、そしてこの

種の気体に関する将来の実験も行われなかったことだろう。

歴史上、スウェーデンの薬剤師カール・シェーレが、一七七二年に「火の空気」と呼ぶものを分離したとされている。これは現在、やはり酸素であったことが裏付けられている。だがシェーレが自分の発見を広く世に問うたときは、すでに遅すぎた。プリーストリーの発見の知らせが広まったとき、それを聞いた者たちは、この英国人がこう言うのを聞いて信用した。「この純粋な空気は、そのうち贅沢な流行物になるかもしれない。今のところ二匹のネズミと私しか、これを吸う特権にあずかっていないが」。

四

発見から三カ月と経たず、プリーストリーはパトロンのシェルバーン伯と共にフランスへの途上にあった。アントワーヌ・ラボアジェとの会見に彼らは向かっていたのだ。ラボアジェは当時きわめて多くの成果を上げていた、そして間違いなくもっとも金持ちの化学者だった。

ラボアジェはその富を武器に、特注の実験器具を大量に収集していた。彼はこの競争に一七七〇年、まだ二〇代後半で参加し、厳密な計量によって――一部はその精巧な装置のおかげで――科学アカデミーで頭角を現していた。

その初期の成果の一つが、水は沸騰させると徐々に土に変化するという、当時広く信じられていた説が間違いであると実証したことだ。この説は、水を繰り返し蒸留すると鉱物が薄く残ることから発想された。問題は、この固体は水そのものに由来するのか、それとも外部に源があるのかだ。ラボアジェは「ペリカン」と呼ばれる密封したガラス容器を用いてこれを解明しようとした。これは大きな下の水槽と球状の上の水槽のあいだが細い首でつながったものだ。上下の水槽はさらに中空の取っ手でつながられている。全然ペリカンのようには見えないが、原理としては下の水槽で沸騰した混合液の蒸気が、上の水槽で凝縮し、液体は取っ手を伝って下に戻るというものだ。ラボアジェは三ポンドの水をペリカンの中で一〇〇日沸騰させた。残り滓は確かに底に溜まり、中にあるものすべて――とペリカン――の重さを量ると、水の重さは変わらないが、残り滓の重さはペリカンの重さの減少分と一致した。水が魔法のように土には変化しないことを証明するのに必要なのは、わずかな厳密さだけだった。一〇〇日以上にわたって水を沸騰させ続ける強い熱が、ガラスの一部を溶かしただけだったのだ。

一七七二年、ラボアジェは燃焼のプロセスの研究を始めた。彼はフロギストン説にはまったく与しておらず、物質が燃えたとき空気の一部が失われる――すべていつもの厳密さで記録されていた――ことを繰り返し示していた。プリーストリーとの一七七四年の会見（その際にプリーストリーは、自分が新たに発見した気体の性質を概説した）は、その転機となった。

ラボアジェは他人のアイディアを盗用する、と言って悪ければ、他人の発見を出典を明らかにせず引用して、あたかも全部自分が考えたかのような印象を与えるのが得意だった。とは言え、ラザフォードとキャベンディッシュら先達のように、プリーストリーは自分の「脱フロギストン空気」を独立した化学種とは見なしていなかった（実際プリーストリーはまだ脱フロギストン概念を発展させようとしていた）。一方ラボアジェは、それをきわめて純粋な空気と考えた。それをその他の気体と共に（ラボアジェのおかげでようやく「空気《エア》」という用語をやめて「気体《ガス》」を使えるようになった）固有の物質として、それればかりか新しい元素として考えたのはラボアジェであった。

一七七五年四月、ラボアジェは初期の燃焼理論を発表した。それは、熱せられた金属がどのように空気の一部と結びつくかについて述べたものだった。このような「煆焼《かしょう》」された金属――現在では酸化物として理解されている――は木炭炉で精錬、つまり純粋な金属に「還元」され、再び空気を今度は固定空気として放出する。金属の還元が木炭を使わずに行われるなら――おそらくプリーストリーと同じ方法を使った酸化第二水銀の還元を言っているのだろう――放出される空気は初めに金属と化合していたものと同じ純粋な物質であると、ラボアジェは報告した。

この問題に関するラボアジェの報告は、*Easter Memoir*として知られ、その後の三年間で数度の変更が加えられている。一七七八年には一七七五年の「発見」の改訂版により、大気と燃焼に関与する気体とが区別された。一七七九年には、ラボアジェはそれを酸素《オキシジェン》と名付けた。これは「酸を生成するもの」という意味だ。この名前はラボアジェの誤解によってつけられた。酸素は酸において何の役割も果たしていない。しかしそれでも、この名前は定着した。

酸素は大気の五分の一を占め、残りはフロギストン化した空気だが、これをラボアジェは「生命がない」という意味のアゾートと呼ぼうとした。窒素《ナイトロジェン》――ナイターを生成するもの――という名が一七九〇年代に、このどちらかと言えば不活性な気体につけられた（一世紀ののち、窒素は冷却によって液化された最初の気体の一つとなった。以来その液体状態は、極低温の媒質として重要である）。

一七八三年には、ラボアジェはフロギストン説の誤りを完全に立証していた。燃焼は単純に空気中の酸素と他の物質の反応である。疑問の余地がないように、ラボアジェは水さえも燃焼の産物であることを証明して見せた。そのために彼はヘンリー・キャベンディッシュの燃える空気を利用した。これをフラスコに酸素と一緒に入れ、二種類の気体を水銀で封入して閉じこめてから、電気の火花で点火する。瞬間的な燃焼により水蒸気が発生し、すぐにガラスの内側に凝結して水銀の表面に浮かぶ液体の水溜まりができる。燃える空気は水素《ハイドロジェン》、「水を生成するもの」と名が改められた。

このように空気も水も分解できない元素ではなく、土はずっと前からさまざまな個別の物質が混ざったものとして理解されていた。今度は火が化学反応として片づけられた。そうすると熱はどうなるのか？

ラボアジェは自分の答えを三三個の「単一物質」、すなわちこれ以上単純な構成物に分解できない物質のリストにまとめた。私たちはそれらを今日、化学元素の名で知っている。このリストは、それまでに類を見ないもので、金、鉄、硫黄、炭素、そして言うまでもなく新発見の三つの気体、水素、アゾート（窒素）、酸素が含まれていた。しかし、そのまさに先頭には光素と熱素——光と熱が掲げられていた。ラボアジェにとっては、これらも物質だったのだ。次にラボアジェがしたのは、それらを測定することだ。

第6章　温度低下を作る方法

氷凍三尺非一日之寒

中国のことわざ

熱量を測る

気体が水に変化することを実証するために、アントワーヌ・ラボアジェは友人であるピエール＝シモン・ラプラスに助力を求めていた。同じ貴族のラプラスは、少なくともラボアジェと同等の知性の持ち主で、はるかに思慮分別があった。ラプラスは自由意志の哲学、数学、天文学に貢献した。最後のものに関して、きわめて小さく密度が高いために脱出速度――重力を振り切るのに必要な速度――が光速を超える天体が、その認識の中にあった。この「暗黒体《コール・オブスキュル》」は、現在ブラックホールと考えられているものへのはっきりとした言及としては最初期のものだ。

ラプラスは政治家としての実績もあり、ルイ一六世の廷臣としてうまく立ち回り、一七八九年のフランス革命に続く恐怖政治を生き延び、ナポレオンの政府では大臣を務めた。同僚のラボアジェはこの種のことがそれほど得意でなかった。革命後のラボアジェの立場は控えめに言っても難しいものだった。その財産は「徴税請負」によって得たものだったからだ。ラボアジェは毎年、国王に金を貸し、タバコや塩のような輸入商品からの徴税で得られる利益で償還されていた。科学に専念しながらも、ラボアジェは課税の不公平さについて、あくまで貴族的な態度でではあるが懸念の声を上げていた。農民階級の幸福を図ることが、生産性と税収を高める最善の方法だと助言したのだ。明らかにラボアジェは、同胞の暮らしが実際にどのようなものかほとんど知らなかったし、知ろうと思ってもいなかった。

この態度は、あるとき燃焼のはたらきを一般公開した際に如実に表れている。新しい科学と自分の大いなる創意――そして巨万の富――を世に知らしめるため、ラボアジェは太陽炉を建設した。これは当時、化学者が太陽光線を集めて混合物を熱するのに使っていたヒーティンググラスの超大型版だった。その目的は大きな熱源を、それも燃料を燃やして汚染を引き起こすことなく供給することにあった。ラボアジェの炉はバスほどの大きさで、湾曲したガラス板に高酸度醸造酢《スピリットビネガー》を満たした主レンズは、直径一三二センチメートルあった。晴れた日にはプラチナを溶かすことができたという。

一七七二年、ラボアジェは自分の炉をある実験で披露した。その実験は、後から考えれば当時フランスが直面していた問題の縮図だった――とは言え科学的にも興味深いものではあったが。ラボアジェは、相対的には今日よりもさらに高価な石だった、ダイヤモンドを手に入れた。あまりに高いのでそれを買うには、他の裕福な紳士数名と金を出し合う必要があった。そしてラボアジェは、それをあっさりと焼いた。

高価な宝石は消え失せ、あとにはガラス容器に固定空気、つまり二酸化炭素が残った。ラボアジェは、ダイヤモンドが炭素の結晶であることを証明したのだが、その代償は大きかった。一七九四年、フランス革命に続く恐怖時代のまっただ中、貴族としての過去が祟って、ラボアジェの優秀な頭はギロチンで切り落とされた。

わずか五〇歳でその命は絶たれたが、ラボアジェは死の直前の一〇年で熱と低温の科学をさらに一歩進めることができた。ラプラスと組んで、彼は熱量計《カロリーメーター》と名付けた装置を完成させた。これはそれまでに類を見ない、化学反応で放出された熱の量を計測するように設計されたもので、ブラックの潜熱概念とその独自の燃焼理論を利用していた。設計は違うが目的の似た現代の装置は、今もカロリーメーターと呼ばれている。

ラボアジェ＝ラプラス装置は驚くべき装置だった。外側は小さな金属製の樽のようで、三本の脚があり、底面は円錐形をしている。重い鉄の蓋で密閉された内側には、さらに二つの小部屋が同心円状にある。内側のものは反応槽だ。金網でできた籠で、ガスフラスコやるつぼなどのさまざまな装置を収めるようにできている。動物を入れることさえあった。この中央の小部屋は、雪や砕いた氷が詰め込まれた中間の区画にぶら下がっていて、分析されるものは完全に囲まれる。この氷槽の底には小さな格子窓があり、氷が溶けた水を抜くことができる。水は底から円錐形の口の下に置いた受水槽に排出される。主氷室はもう一つの氷が詰め込まれた空間に収められ、周囲に断熱層が作られるので、蓋をしっかりと閉じてしまえば外部の影響は完全に遮断される。もし何らかの熱が氷を溶かしたとすれば、それは装置内部で発生したものであるはずだ。

氷は解けるときに一定量の熱を吸収するので、発生する解けた水の量は、内部で放出された熱の直接測定となることを、ジョゼフ・ブラックの研究は予測していた。カロリーメーターには電気点火装置が取りつけられていて、準備が整ったところで内容物に放電できる。

ラボアジェとラプラスは、カロリーメーターを使って数々の実験を行った。ある初期の実験ではモルモット——当時は珍しい動物だった——が使われた。二人はまずガラスのベル・ジャー（訳註：釣鐘型の実験容器）の中で、この動物が一定時間にどれほどの二酸化炭素を吐き出すかを測定した。次に、どれくらいの量の木炭が燃焼すれば同量の気体が発生するかを計算した。その予想を試験するために、彼らはモルモットをカロリーメーターの氷の中に前述の一定時間閉じこめた。その体温は、無生物を中に置いたときと同じように、氷を溶かした。次に木炭片を設置し、点火した。発生した熱は、解け出た水からわかるように、モルモット（幸いなことに、寒さと闇の苦難を終えて、暖を取ることを許されていた）から放出された量にほぼ匹敵した。われわれが吸い込む酸素の一部は、吐き出す二酸化炭素に入れ替わることはすでに知られていたが、この氷熱量計による実験は、動物が（そしてすべての生き物が）生きるために一種の燃焼を利用していることを、疑いの余地なく証明した。

カロリーメーターの主な役割は、水素、炭素（木炭として）、リンなどできるかぎり多くの単体（単一の元素からなる純物質）を燃焼させ、放出される熱を計測することだった。この発見によれば、一ポンドの炭素を燃やすと九六ポンド、リンでは一〇〇ポンド、水素では三〇〇ポンド近くの氷が解けるとされる。ラボアジェが出した結果は、多少はずれていることが多かったが、ともかく何か、つまり熱の定量化を始めたのだ。

ラボアジェとラプラスが用いた扱いにくい単位は、すぐにカロリーに置き換えられた。一カロリーは一グラムの水の温度を一℃上げるのに必要な熱だ。フランスは当時すでにメートル法に移行していた。ラボアジェはメートル法の発想の中心人物だったが、その成長を見る前にこの世を去った。*

*食品のエネルギー量を表すカロリーの単位は、実際はキロカロリー、つまり一〇〇〇カロリーであることに注意する必要がある。平均的なバナナには一〇〇カロリーが含まれている。これをカロリーメーターに入れると二キログラムの水の温度を五〇℃上げるだけの熱が発生する。そしてこれは成人の身体を二四時間動かすのに必要なものの二〇分の一にすぎない。一日分の食料は爆発物になるかもしれない。

どのような単位が使われたにせよ、一八世紀から一九世紀への変わり目には、それがカロリックという物質を測定しているということで意見は一致していた。しかしカロリックは、光と共に——そこに電気を加える者もいた——特別な物質だった。元素であるため、カロリックは作り出すことも破壊することもできない。宇宙にはそれが一定量存在し、あるものから他のものへ絶え間なく移動し続ける。ラボアジェは、それが壊すことのできない粒子、つまり原子でできているという考えを支持していた。これは、光が同じような粒子からできているというニュートンが唱えた説を借用したものだった。ニュートンの偉大な功績は、運動が、力を質量と加速度に関連させた一連の単純な法則に支配されていると証明したことだった。光（または熱）の微粒子すなわち原子が同じ体系に従って、とてつもなく大量のビリヤードボールのように動き回っていない理由はないと、ラボアジェは考えた。

カロリックの原子は小さすぎて直接観測できず、観測できる規模に集まって作用しているときには、「希薄で自己反発力を持つ流体」として記述された。流体が動くとき、カロリックは粘度がかなり高いらしく、ゆっくりじわじわと移動する傾向があるが、条件次第ではきわめて爆発的となることもある。カロリックは他の粒子にくっついていて、純粋な状態で放出されたときだけ熱の感覚を作り出すと考えられていた。カロリックの流体が「希薄」なのは、それが質量を持たないようであり、普通の形で他の物質と反応しないからだ。それは他の物質を熱くするだけなのだ。「自己反発力を持つ」というのは、その密度が高い熱い部分から、密度が低い冷たい部分へと拡散するからだ。それが均一に広がれば、熱平衡となる。それはカロリックが静止したということなのだろうか？　それとも全体としては変化を起こさない無数の不規則な渦となって流れ続けているのだろうか？　何らかの答えをもたらしたのは、頭の固い貴族学者（もっとも、その頭もついには切り落とされたのだが）ではなく、気象に興味を持つ学校の教師だった。

英国人は天候に興味を示すことで知られているが、ジョン・ドルトンの場合は度を超していた。二〇歳のときから毎日、天候を日記に記録し、気温と気圧を書き留め始めたのだ。この習慣はそれから五七年間、一生涯続き、観察記録は二〇万に達した。ドルトンはイングランド北西部、主にマンチェスターに近いサルフォードに住んでいた。ここは天気が変わりやすいことで評判が悪いので、ドルトンは休む暇もなかったことだろう。

一八世紀も終わりに近づくころ、ドルトンは、自分が気圧として測定しているものは厳密には何なのだろうと思った。この頃には、空気が数種の気体、少なくとも五分の一の酸素と五分の四の窒素が混ざったものであることは広く知られていた。水蒸気と二酸化炭素は少量が存在し、正体がわからない謎の一パーセントもあった（これは一八九四年にアルゴンだとわかった）。

ドルトンは、気体の混合物がどのように単一の圧力を生み出しているのかという疑問を持った。一八〇三年には、その前年にジョセフ・ルイ・ゲイ＝リュサックが発表していた第二、第三の気体の法則のおかげで、答えを導き出すことができた。これらの法則はどちらも温度、つまり気体の「顕熱」容量が体積と圧力に与える影響に関するものだった。気体は熱せられると、余地があれば膨張する。膨張する余地がなければ圧力が高まる。これはすべてかなり直感的に理解できるものだが、気体の法則は、温度がどのように気体の圧力と体積に影響するのかという疑問も提起する。気体を圧縮して体積を小さくすると熱くなるのか、それとも圧力が上がるだけなのか？

原子の重さを量る

気象学者ドルトンは、独自の気体の法則、分圧の法則を思いついた。実験を繰り返して、ドルトンは、一気圧は五分の四（〇・八気圧）の窒素の分圧と五分の一（〇・二気圧）の酸素の分圧からなることを証明することができた。ドルトンの法則は理論上すべての気体の混合物に――もちろんそれらが互いに反応していないかぎり――作用している。

そこからドルトンは、気体の混合物がどのように圧力を生み出しているかを考えた。気体はいかなる空間も満たす弾性のある流体と見られ、カロリックはそれと似たものだとされていた。気体の圧力は固体、動かない表面を流体が押すことで生じる。空気の場合、したがって、窒素が五分の四を押し、酸素が五分の一を押している。これが作用するには、窒素なり酸素なりの物質が互いにまったく独立してはたらく必要があることに、ドルトンは気づいた。瓶の中の気体は空いている空間を満たそうとして広がる。酸素と窒素は共に拡散してその空間を均一に満たす。酸素からなる場所や主に窒素で形成される場所はない。これは、気体がすべて勝手に運動する個別の単位が集まってできていることの、初めての経験的証明だった。言い換えれば、それは原子でできているのだ。

ドルトンはこの発見を利用して、こうした気体やその他の元素が、どのように組み合わさって化合物（主に二酸化炭素と水）を作っているかの解明を始めた。それは次に、各元素の原子の相対的な「重さ」を量る手段をもたらした。酸素と窒素の原子量は互いにきわめて似通っているが、水素はもっと小さい。軽い水素を詰めた気球は一七八〇年代以来、原始的な航空機として使われていた。こうした水素気球は、熱した空気だけを満たした気球に続いて出現した。これは、カロリック原子のほうがさらに軽いということだろうか？

一八一一年、イタリアの物理学者が、気体の法則のパズルに最後のピースをはめこんだ。アメデオ・アボガドロは、すべての気体原子（あるいは原子が結びついた分子）は総気圧に同じ力で寄与することを論証した。つまりこういうことだ。瓶を一定の圧力と温度になるように純粋な酸素で満たせば、瓶には一定数の酸素原子（実際には純酸素は二つの酸素原子が結びついた分子からできているが、要点は同じことだ）が含まれる。同じことを水素で行うと、同じ数の粒子が含まれたサンプルができる。瓶の中の酸素は水素より一六倍重く、それは酸素原子が水素原子の一六倍重いからだ。

それからさらに五〇年かかった（アボガドロはどちらかと言えば無視されていた）が、やがて化学者は、原子量を計算する手段としてアボガドロの法則に飛びついた。ここから化学の授業の必需品、周期表が誕生した。しかしそれはまた別の話だ。

アボガドロの法則が登場したことで、「理想気体」という概念が作られた。この物質は、気体化学者たちの尽力で生まれた多くの法則が設定した規則すべてに従う。さて、そろそろ一休みして冷たい飲み物でも飲もうか。気体を手なずけるために大量の熱と光が投入されたが、冷蔵庫が動くただ一つの理由は、本当に理想的な気体が存在しないからなのだ。

カロリックをはじめとする希薄な元素の探究は雲を掴むようなものになっていった。最初に一歩先んじたのは意外な人物、アメリカの伯爵だった。彼は一七五三年にただのベンジャミン・トンプソンとして、当時英国統治下にあったアメリカ一三植民地の一つ、マサチューセッツ州ウーバンに生まれた。一七七〇年代に独立戦争が始まると、トンプソンは王党派に留まった。トンプソンは裕福な相手と結婚し、ラムフォード（現在のニューハンプシャー州コンコード）にある妻の実家の資産を引き継いでいた。すぐに自分が不利な側についていることが明らかになり、さらに地元民との面倒な論戦の末、トンプソンは妻（とその財産）を捨て、こっそり戦線を越えて英国軍に加わった。

火薬の研究を通じて、トンプソンは戦争に協力し、それによりロンドンの王立協会への加入を認められた。一七八五年にはバイエルンに移り、バイエルン選帝侯の軍事顧問兼よろず相談役を務めた。こうしたことでトンプソンは、神聖ローマ帝国から伯爵位を授かる。故国で失った土地の代わりに、ランフォード伯の称号を得たのだ。

バイエルンでの職が終わりに近づく頃、ランフォードは熱に関心を持った。彼は以前からカロリック説に反対していた。その研究はヘルマン・ブールハーフェ——すでに見たように、ウィリアム・カレンを学究の道へ誘った当の人物——らに触発されていた。ブールハーフェは、熱は物質の通常の粒子が運動することによって作られると言った。謎めいた希薄な元素などを持ち出す必要はないのだ。

ブールハーフェはそのもっと前、一七三八年にこの世を去っていた。その同じ年、完全に異なる分野から、ある発想が提案された。それはのちにカロリックへの反証として再び浮上することになる。それはダニエル・ベルヌーイが唱えたものだった。ベルヌーイはスイス、バーゼルに居を構える著名なユグノー一家に生まれ、枚挙にいとまがないほどの功績を数学と工学に残した。ベルヌーイは、気体の圧力が、気体を容器の中を動き回る粒子の集まりと想定すれば計算できることを記述した、数学的枠組みを公式化した。この学説は加熱を考慮に入れていた。それは仮想の粒子の速度を増し、結果圧力を高めるのだ。数学者であるベルヌーイは、そのような粒子が存在する証拠がないからといって尻込みしなかった。その運動系は気体の反応をモデリングする上で優れた方法であり、役に立つものであることは確かだった。しかし、カロリック論の支持者たちは、同じ現象を元素流体でやはりうまく説明することができたので、ベルヌーイの研究は現実の記述というより数学上の功績と考えられた。

一七九〇年代のバイエルンに話を戻そう。ランフォードは、大砲を扱った経験を基に、カロリック論では説明できないものを見つけていた。砲身をくり抜いている最中、それは非常に熱くなる。熱と運動の主なつながりは、常に摩擦による加温効果だった。ランフォードが知りたかったのは、こういうことだ。カロリック論によれば、砲身をくり抜く際の熱は、切削工具から砲へのカロリックの移動が生み出すものだ。ならばなぜカロリックは尽きることがないのか？　熱はいつまでも伝わり続けているのだ。

調査のために、ランフォードは一七九八年にミュンヘン造兵廠で実験を行った。彼は水を張った樽に砲丸を入れ、摩擦の効果が最大になるように特別に鈍く作った切削工具を使って穴をあけた。あけ始めて二時間半、樽の水は鉄球の熱で蒸発した。鉄の砲丸にはこれといって目立つことは起きていなかった。削りくずは残りの砲丸とまったく同じものだった。

ランフォードは、この概念はカロリック論の息の根を止めたと言った。カロリックの核心は、それが保存されることだ。あちこち移動するかもしれないが、総量は常に一定している。しかし、熱い砲丸は無尽蔵の熱を受け取っていた。

しかしランフォードには、それがどこからかわからなかった。また運動としての熱が、熱が保存されている系で――ジョゼフ・ブラックが行った実験のように――どのようにはたらくかも説明できなかった。

ランフォード伯は現在、運動と熱が等価であることを初めて実証した人物と考えられているが、カロリック論の土台を覆すことはできず、すぐに他の課題に移ってしまった。その中でもっとも大きなものが、ランフォードも手を貸して一九世紀への変わり目にロンドンに設立された王立研究所だ。これは王立協会に匹敵する科学協会になる予定だったが、科学知識の一般への普及を目的としていた。王立研究所は、最新の研究分野に関する講義で知られるようになった。ランフォードはハンフリー・デービーを主席講師に任命した。数ある業績の中で、デービーは、ジョゼフ・プリーストリーが研究した硝石の空気の一つに、吸い込むと酩酊作用があることを発見していた。「笑気」と名を付け直されたそれは、最初の吸入麻酔薬となり、今日なお使われている。講義も大当たりとなり、デービーは世界初の科学界の名士となった。デービーの助手マイケル・ファラデー――発電機とモーターの発明者――が、後年講師の座を引き継ぎ、現在も続く偉大な伝統、子ども向けのクリスマス・レクチャーを定着させる。ファラデーはのちに低温科学の中心人物となる。

一八〇四年、ランフォードはアントワーヌ・ラボアジェの未亡人マリー＝アンヌ・ポールズ・ラボアジェと結婚する――マサチューセッツの敵地に残してきた最初の妻はすでに死去していた。ラボアジェ夫人はアントワーヌの出世を支えた右腕で、化学とカロリックの学説に大いに貢献した。彼女は最初の夫の死に際にも立ち会った。父親は最初の夫と共に処刑された。自身はギロチンを免れたマリー＝アンヌはフランス科学界に影響力を持ち続け、ラボアジェの名誉とカロリック説の提唱者としての地位を守るために尽力した。ラボアジェとランフォードの結びつきは熱烈なものとなったが、根本的には相性が悪かった。カロリックの真理だけでなく、間違いなくさまざまな不一致から、二人はほどなくして離婚する。

結局カロリック説は、ランフォードの攻撃にもほとんど無傷で耐えた。ランフォード理論は、摩擦が太陽熱を真空の宇宙でどのように運ぶか説明せよ、そこでは何が何を擦っているのかと問われると、ついに進撃を阻まれた。

熱の伝導と動き

一八〇〇年、英国の天文学者ウィリアム・ハーシェルは答えを出そうとしていた。ハーシェルはプリズムを使って太陽光線を色のスペクトルに分けた。温度計は、赤い光のすぐ隣（中ではなく）に置いたとき、もっとも早い温度上昇を示した。ハーシェルは、現在われわれが赤外放射と呼ぶものを見つけていたのだ。私たちが熱として感じるものは、この目に見えない放射で伝達されるということだ。実は、まだ発見されていない放射が、他にも数多くあった――すべて光（唯一目に見える形の放射だ）が関わっていた。

同じころ別の英国人、トマス・ヤングが、光が粒子の流れではなく波のように振る舞うことを明確に証明していた。ニュートンの運動の法則はここでは当てはまらず、カロリック原子の希薄な流体の立場はだんだん苦しくなっていた。しかしそれにはもう一人の支持者がいた。サディ・カルノー、同じように苦しい立場にあったフランスの反逆者の息子だった。

サディ・カルノーはラザール・カルノーの長子として生まれた。ラザールは、一八一五年にワーテルローでの最終的敗北までフランスを支配しようとしたナポレオン最後のあがき、百日天下のときに皇帝の副官の一人だった。そのためナポレオン失脚後は追放され、その息子サディ――フルネームはニコラ・レオナール・サディ・カルノー（サディはペルシャの詩人から取った愛称）――も、自分の軍人としての将来が閉ざされていることを感じ始めた。

カルノーはパリの化学教授ニコラ・クレマンと手を組んだ。クレマンはこの頃、大カロリー単位を思いついていた。二人は「火の動力」、言い換えれば熱がどのようにして動きを生み出すかに関心を持つようになった。全体としてみれば、これはランフォードが二〇年前に考えていたことに似ているが、その研究は実演ばかりでデータがなかった。

カルノーの主眼は蒸気機関にあった。蒸気機関はヨーロッパの工業化と共に数を増やしていた。カルノーの希望は、その効率を向上することだった。そのために、摩擦やその他の設計の欠陥が引き起こす問題をすべて取り除き、想像上の完璧な「熱機関」を作り出した。現実の蒸気機関は外燃機関だ。つまり熱は作動部の外にある石炭の炎で供給される。炉の熱は水を沸騰させて蒸気に変え、これが仕事をする。カルノーらによれば、エンジンは、膨張する熱い蒸気から放出されるカロリックの流れを誘導して重いピストンを押す——それが次に動輪や何かを回す——ことで動きを作り出す。カルノーはカロリックの流れを、水車を回す滝のようなものだと想像した。水車の動きの大きさが、落ちる水の量と落ちてくる高さに左右されるように、エンジンの動きは中を通過するカロリックの量にもっぱら支配されるとカルノーは推論した。

カロリックがピストンの中を移動するには、それが高温源から低温源まで流れる必要がある。蒸気機関の場合では、高温源はボイラーであり低温源は復水器、つまり水蒸気が冷やされて水に戻る場所になる。高温源と低温源の温度差が大きいほどカロリックの流れは大きくなり、エンジンの動力は大きくなる。カロリックを運ぶのに何を使うかは実は問題ではない——蒸気、水、空気、すべて同じことをする。唯一本当に重要な要因は、カロリックを動かし続ける温度差なのだ。

カルノーの主張は、カロリックの運動はエンジンの動きに移るが、カロリックの量は同じままだというものだった。その熱容量はエンジンが回るにつれて減ることはない。エンジンは単に、燃料の燃焼で熱が高温源に加えられ、低温源によって失われて環境中に拡散することで動くのだ。

カルノーは「脳炎」で弱っていたところにコレラにかかり、三六歳の若さで死去した。その短い生涯の終わりごろには、カルノーはカロリック説を疑い始めていたらしく、熱運動論——物質内部を満たす粒子の運動による熱の生成——の実験をもっとやろうと計画していた。

カルノーの死から一〇年後、カロリックの保存は「熱機関」の決定要素ではないことが証明される。それはむしろエネルギーの保存であり、熱はその一形態にすぎないのだ。そしてこれは「ヒートポンプ」の作用に扉を開くことになる。これは冷蔵庫の中心部（ずっと後ろのほう）に鎮座している、反対に動く熱機関で、熱を使って動きを押し出す代わりに、動きを使って熱を押し出しているのだ。

われわれの物語の中心をイングランドのサルフォード（ジョン・ドルトンが地元の醸造王の息子の家庭教師をしていた土地）に戻す前に、バタビア（現在のジャカルタ）へ向かうオランダ船に乗って、東インドにちょっと旅をしよう。

船医のユリウス・フォン・マイヤーは、ミドルネームのロベルトでも知られている。一八四〇年、生粋のドイツ人マイヤーは、医師としての訓練を終えたばかりだった。東インド会社の船上の仕事を選んだのは、学生時代のスキャンダルの影響から逃れるためだったという説もある。

当時のドイツは、後年ヨーロッパの巨獣となることなど想像もつかない、領邦国家のゆるい連合体だった。競合する派閥間の衝突がひんぱんに起きており、社会のどの階層でも政治はデリケートなものごとだった。先例を墨守することがもっとも賢いやり方だったが、一八三七年にマイヤーは反抗的な面を見せた。大学の舞踏会に「見苦しい服装」で出席したのだ。不作法だったたというわけではないらしい。マイヤーは禁止されていた友愛会に所属しており、それは社交の場にそろいの服装で参加していた。こうした騒動を起こしたため、マイヤーは一年にわたり停学となり、短い期間だが投獄された。だから医業を始めるにあたって、海外での冒険を選んだのだ。

ジャワへの航海は、マイヤーと乗組員たちを北海の冷気から、南洋のじりじりした蒸し暑さの中へと連れて行った。途中、マイヤーは科学的な自己啓示のようなものを得て、それにより医師から物理学、特にエネルギー物理学の先駆者となったと言われる。マイヤーは思いつきの要点をヨーロッパに持ち帰った——あらゆる運動、あらゆる熱、あらゆる化学活動、さらにはあらゆる生命活動はエネルギーの産物である。このエネルギーは作り出すことも壊すこともできず、ある形から別の形へと変換されるだけだ。

この悟りが何に触発されたのかははっきりしていない。マイヤーがこの問題における先行研究を知っていたことは疑いもなく、船に乗っているときすでに、この発想をひねり回していたということもありうる。馬力攪拌機を使って木材パルプをかき回すとき、どろどろの繊維が温まることに、マイヤーは注目していたと言われる。ランフォードの砲丸実験をもっと単調にしたものとして、これを見ていたのだろう。別の証明は航海の最中に得られた。まずマイヤーは、熱帯の嵐に揉まれた海水が、おだやかだったときの海より温かいことに気づいた。彼の推論は、風はその運動エネルギーを水に伝えて、そびえ立つ大波を起こすが、運動エネルギーは熱も与えて、海水を温めるのだというものだった。

それは大変な想像力の飛躍であり、そのような結論に至った経緯の説明としてはもう一つの、もっとありふれたもののほうが先に来るかもしれない。船医としてマイヤーは、出血した船員の傷の縫合をたびたびやらされ、船が温帯の大西洋から熱帯のインド洋に移動するにつれて、血の色が少し変化したのに漠然と気づいていた。バタビアで医業を行っているあいだに、その疑念にさらなる裏付けが加わった。

単純な切り傷では静脈、心臓と肺に戻る血管から出血する。この血液は体内で使われたもので、二酸化炭素を捨てて、さらに生命の炎を燃やす酸素を受け取る必要がある。マイヤーはこれが、多くの者が暗示しラボアジェが証明した、身体を維持するプロセスの一部であることを知っていた。

酸素のない血液は、酸素に満ちあふれた動脈血より暗い色に見える。動脈は新たに酸素を仕入れた血を、心臓から必要な箇所へと運ぶ。鮮紅色の血があふれる傷口を見れば、医者にはそれが深刻な、動脈に達する深い傷であることがわかる。マイヤーはこのことを知っていたが、暑い気候のもとでは経験則を調整しなければならないことを悟った。親指を切っただけでも、ヨーロッパで予想されるより鮮やかな色の血がにじみ出るのだ。理由は明らかに、静脈血がまだ多くの酸素を含んでいるからだ。

マイヤーは、現代のわれわれとは違い、血液が酸素を取り込んで老廃物の二酸化炭素を放出することを完全には理解していなかったが、熱帯の患者の鮮やかな血は、生命を維持するために燃焼する栄養分が少ないことの表れだと推測した。一般的な認識は、酸素は、何か未知の制御された方法で、食物を燃やして熱を放出するのに使われるというものだった。この酸化の熱は、ある種の命の源である体内の「エンジン」を動かす。

マイヤーは自分の考えをこのように説明している。

燃焼の生理学的理論の大原則は、あらゆる条件下で同じ量の燃料が、完全な燃焼によって、同じ量の熱を生み出すこと、この法則が生命プロセスについても当てはまること、したがってすべての生命体は、いかに謎と驚異に満ちていようとも、無から熱を生成できないということだ。

馬力攪拌とマグネトー電気機械

マイヤーはそこで留まることなく、自説を他の観察結果と結びつけて、生体がどのように熱を周囲に発散しているかを考察した。暖かい場所では、身体から周囲に放出される熱は少なく、寒い場所ではどんどん送り出される。血液の証拠は、寒い場所では暖かい場所より、身体が多くの燃料を燃やすことを示していた。今では当たり前のことのようだが、マイヤーはこれを利用して、熱とエネルギー全般について何かを解き明かそうとした。

「身体の内外で発生した熱の総体こそが、体内で酸化した物質の真の熱効果であると考えられるという結論にわれわれは達した」とマイヤーは述べた。

寒い気候は、激しい労働や運動と同様に、多くの食物を酸化させることを身体に要求する。身体が燃やすものと、そのエネルギーを運動や熱として、他の物体に伝えることを含め――これがマイヤーの功績だった――身体が行うことのあいだには、固定された関係があるのだ。

飼い葉袋を着けて木材パルプをかき混ぜる馬に話を戻すと、その労働は、食べた餌の酸化をエネルギー源とする。そのプロセスは馬の身体を温めるだけでなく、体を動かし、攪拌機を回す。餌のエネルギーは馬の運動に変換され、それから攪拌機の運動によって伝達され、木材パルプに運動を生み出す。さらに、マイヤーが記録したように、木材パルプはゆっくりとかき混ぜられるにつれて温まる。運動エネルギーが熱エネルギーに変換されていたからだ。

マイヤーは、熱力学第一法則として現在知られるものを初めて定式化した。これは、エネルギーが保存されると述べている。エネルギーは作ることも壊すこともできず、ただ違う形に変化するだけなのだ。熱が、あるいはその欠如が、エネルギーの物質への出入りであることがわかり始めていた。

マイヤーは一八四一年にドイツに帰り、自説の研究と売り込みに取りかかった。しかし、何年ものあいだ黙殺され、歴史上のしかるべき地位に就くことができなかった。現代の物理学者が用いるエネルギーの単位は、マイヤーではなくジュールと名付けられている。マイヤーの大発見に対する賞賛は、別の研究者に惜しみなく与えられ、そのことでマイヤーは鬱病を患って自殺を図り、酒に溺れ、一時期は精神科病院に入院していた。このジュールという人物は何者なのか？　答えを探しに、イングランドのマンチェスターのはずれ、サルフォードに戻ることにしよう。そこでジュール一家は醸造業を営んでいた。

ユリウス・マイヤーがその医学知識を熱力学研究の入り口としたように、ジェームズ・プレスコット・ジュールも独自の専門分野を利用した。ビールだ。マイヤーが東インドに向けて航海しているころ、ジュールはサルフォードの監獄の近くに位置する一家の醸造所で働いていた。ジェームズ・プレスコットは醸造所の三代目で、ビール取引で財をなした一家に生まれた。彼と兄弟は、イングランド北西部で考えうる最高の家庭教師から教育を受けた。ジェームズ・プレスコットは一五歳で学業への専念をやめ、父ベンジャミンの醸造の仕事を手伝い始めたが、楽しみのために家庭教師を抱え、誰あろう近代世界に原子を紹介したジョン・ドルトンの教えを受けていた。

ジュール兄弟は電磁気学に興味を抱いていた。それは新しい物理学の分野で、磁石と電気が抜きがたく結びついた現象であることを明らかにしていた。少年たちは、発電機を使って電気ショックを浴びせあっては大喜びし、その他の家族を怖がらせていた。最先端の技術だった発電機は、ロンドンの王立研究所でマイケル・ファラデーによりその一〇年前に発明された。一八三九年に、まだ一九歳のプレスコットは、醸造所の設備の効率を高める方法を探して、電気ヒーターとモーターの研究を本格的に始めた。

ジュールは、発電のためには運動が必要であることを知っていた。電流が流れるためには、伝導体(要するに導線)を磁界の中で回してやる必要がある。この動きにより伝導体は運動エネルギーを与えられる――力によって動き続けていることをかっこよく言ったものだ。早く回るほど、生み出される電流は大きくなる。電流が流れると伝導体は温かくなり、赤熱さえする。ジュール兄弟は、マイヤーと同じ関係に気づいた。伝導体の運動エネルギーは導線の中で電気エネルギーに変換され、それは次に熱、つまり熱エネルギーに変わるのだ。

電気エネルギーは微小な電荷を持つ粒子、電子の流れを、伝導体の中に作る。これが「電流」だ。電子が流れているあいだ、粒子は他の物質の原子と衝突する。この衝突が電子のエネルギーの一部を原子に伝え、揺り動かす。この揺らぎ、振動、その他の原子レベルでの運動が熱エネルギーだ。熱い物質では、ただ原子が冷たいものより大きく速く揺らいでいるのだ。

ジュールはこうしたことはまったく知らず、運動が熱を起こすのなら、熱は内部の運動の一種に違いないという直感に頼っていた。これがカロリック説を圧倒し始めていた熱の運動論だ。ジュールはイングランドの産業の中心部で育った。そこでは熱と運動をどうやって作業に利用するかを、偉大な技術者たちが考えており、その多くは家庭教師ジョン・ドルトンの個人的な友人だった。ドルトン自身は折に触れて原子の世界の性質を話し、ジュールを楽しませていた。

一八四三年のこの問題に関する論文で、ジュールは自身の考えを述べている。

マグネトー電気機械により発生する電気力は、回路全体を通じて、他の源から生じる電流と同じ熱を発生する性質があることは、かなり一般に当然のことと受け入れられていると、私は考える。実際、熱を物質でなく振動の状態として考えると、それがたとえば、永久磁石の極の前で導線のコイルを回転させることに代表される、単に機械的な性質の作用によって誘発されないわけがないように思える。

これを証明するためジュールは、簡単な熱量計に収めた導線に電流を誘導する「マグネトー電気機械」――今日われわれが発電機と呼ぶもの――を作った。熱量計の中には一ポンドの水とコイル状の導線が入っている。それ全体は二つの磁石の極に挟まれて自由に回る。磁界の中を動くあいだに、電流が誘導されて導線を流れ、それが水を温める。回転運動を与えるのは、単純だが独創的な滑車装置だ。一ポンドのおもりが巻き上げられ、落とされる。おもりは落ちながら装置を回す。ジュールの実験は、熱量計の中の水を一°F温めるのに何度おもりを落とす必要があるかを数えるものだった。

しかしジュールは、運動と熱のより直接的な関係を知りたいと考えた。アルプスへの新婚旅行の最中にまで、時間を割いて滝の上と下で水温を測った。落ちる水の運動エネルギーの一部が熱に変わるのではないかと推測したのだ。収穫は、びしょびしょになっただけだった。実験は失敗だった――もっとも新婚旅行はなんとかうまくいった。ジュールと妻のアメリアは二人の子を持つが、アメリアは一八五四年の三人目の出産で命を落とす。ジェームズは再婚することはなかった。

滝の実験についてジュールは、自身のもっとも有名な実験を説明するついでに触れていた。もっとも有名な実験とは、通電加熱の最初の実験と似たような滑車装置を使うものだが、全体的に見てもっと単純だった。電気を使う代わりに、ジュールは熱量計の中を櫂でかき回して水温を上げたのだ。回転する櫂と水との摩擦により、わずかずつではあるが水温は上がった。ジュールの「第二の実験」として知られる（と言っても他に何十もあるのだが）これは、ランフォード伯の大がかりな砲丸実験装置を細々と再現したものだった。

一八四三年、アイルランドのコークで行われた英国科学振興協会の会合で、ジュールは発見のすべてを発表した。さまざまな方法を示してから、ジュールはこう表明した。「この結果を水一ポンドの熱容量に還元すると、水の摩擦で発生した熱一度につき、八九〇ポンドの重量を一フィートの高さに持ち上げるのと等しい機械力が費やされたと考えられる」。

言い換えれば、八九〇ポンド（約四〇〇キログラム）を膝の高さまで持ち上げるには、小さな水差し一杯の水の温度を一度温めるのと同じエネルギーを使うということだ。その意味するところに驚いたのか、単に当惑しただけだったのか、一堂の科学者たちはジュールの発表に一言も発しなかった。ジュールの論文は、その数値を使って、ナイアガラの滝が長い落下のあいだに五分の一度温まるとまで予測していた。当惑がさらに広がった。

ジュールは「熱の仕事等量」を計測していた。その数字は少しはずれていたが、背景にあるパラダイム・シフトは、科学界でも過去最大級のものだった。その後の一〇年で、保守的な学者たちが新説を受け入れるにつれて、物質としてのカロリックは忘れ去られていった。熱はエネルギーの一形態として理解されるようになった。そして低温はそのエネルギーが不足した結果だった。

ジェームズ・プレスコット・ジュールは典型的な物理学者でも自信たっぷりの講演者でもなく、講義があまりうまくいかないことにもおそらく慣れっこだった。一八四七年、ジュールはオックスフォードで講演した——そして、何を言っているのか理解できる者が聴衆の中にほとんどいないので、手短にしてくれと言われた。だが、今回は違っていた。講演会にはウィリアム・トムソンが出席していた。二三歳にしてすでに、カレンとブラックの母校グラスゴー大学の自然哲学教授だった恐るべき知識人だ。

のちに爵位を授けられケルビン卿となるトムソンは、ジュールの研究の含意を把握していた数少ない一人であり、二人はやがて共同研究者となった。しかしトムソンですら、その後数年間はカロリック説を支持していた。カルノーの理想熱機関への賞賛から、カロリックに傾倒していたためだ。

永久機関の謎を解く

トムソンの関心は、カルノー説の欠陥と自分が考えるもの——あるいは、永久のエネルギー源かもしれないもの——に刺激された。工学者だった兄のジェームズと共に、トムソンは、氷を動力源とする熱機関は永久機関として使えるかもしれないことに気づいた。

明らかに氷機関は動きが遅い機械だが、きわめて大きな力を出すことができる。基本的な考えは、氷が凍結するときの膨張でピストンを押すというものだ。氷は溶けるにしたがい収縮して、ピストンが元に戻る。ジョゼフ・ブラックは、水の温度は凍るときに下がらないことを証明していた。したがって、氷機関は温度変化なしに作動し、運動を作り出すことができる。カルノー機関では不可能なことだ。カルノーサイクルが作動するには、熱が機関の中を流れるようにする温度差が必要だ。温度差なしに氷機関はせっせとはたらき、熱を加える必要がない――それは永久機関となるだろう。

ジェームズ・トムソンが、この難題を解決する突破口を作った。氷機関が作動し、ピストンの上下運動を作り出すためには、何かを押さなければならない。それが機関の部品の重量で、水または氷を押し下げ、そこにかかる圧力を上げている。ジェームズは次のように予想した。圧力が高くなると水の凝固点は下がる。だから機械に圧縮された液体の水が凍るには、もっと冷やされる必要がある。水が凍ると、ピストンを押し上げる。ピストンとの接触がなくなると、氷への圧力が下がり、凝固点は通常レベルに上がる。すると機関の温度は氷が溶ける前に上がるはずだ。氷が水に戻ると、収縮してピストンは再び下り、圧力が上がって凝固点が下がる。結局、このような機関が作動するには、温度変化が必要なのだ。かくしてトムソン兄弟は永久氷機関の謎を解いたのだった。

一八四〇年代末のスコットランドに話を戻す。ウィリアム・トムソンは、気体の圧力と温度がどのように関係しているかを考えるようになっていた。トムソンは、好き勝手に目盛が振られた器具に頼らない、普遍的な温度の単位を探していた。気体の法則から彼が気づいたのは（先人たちも気づいていたが）、気体の温度が下がれば圧力も下がることだ。減少は互いに比例するので、気体の圧力を実験室で測定すると、それはグラフにきれいな直線で表される。それぞれの気体は冷えるにつれて固有の線を描くが、圧力の数値がゼロになるところまで延ばすと、すべて一点に収束することにトムソンは気づいた。マイナス二七三・一五℃だ。これが絶対零度、これ以上熱が失われない温度だ――物質にカロリックが残っていないと、そのときのトムソンは理解したのかもしれない。一八九二年、トムソンは初代ケルビン男爵となり、この温度も〇Kと表記される（この場合「°」の記号は使われないことと、単位を表す場合の"kelvin"は小文字になることに注意）。ケルビン目盛は摂氏と同じ増分を使うので、水は約二七三Kで凍り、三七三Kで沸騰する。

トムソンの時代、〇Kやその付近の物質を調べることは不可能だった――そのような温度にできる冷却装置がなかったからだ。しかしこの発見により、このような信じがたい低温の実現（それが可能であれば）に向けた競争が間違いなく始まり、その中で気体の液化、磁性酸素、上へ向かって流れる液体、空中浮揚する超伝導体のような驚くべき洞察を加えることになる。

しかしその前に、世界は冷蔵庫を必要とし、そしてジュールとトムソンの協力こそが、それを可能にするメカニズムを発見したのだ。

ウィリアム・トムソンとジェームズ・プレスコット・ジュールは一八五〇年代半ばに手を組んだ。このころになるとトムソンは、ジュールがそれまでの一〇年にわたり根気よく説いていたエネルギーの運動論に与していた。彼らは奇妙なコンビとなった。トムソンは数学の才能を持つ異端の学究だった。ジュールは正式な教育のない道楽科学者で、生涯に三つの学位を得るが、すべて名誉学位だった。ジュールとトムソンはめったに顔を合わせることがなかった。二人は手紙のやりとりで協力し、ジュールが実験を行い、結果の分析になるとトムソンが労を取った。

ジュールによる数多くの実験の中に、自由膨張の研究があった。それを行ったのはジュールが最初ではないが、それでもそのプロセスはジュール膨張と呼ばれている。実験の目的は、気体の体積と気体の圧力が反比例する、つまり一方が上がればもう一方が下がることの証明だった。

実験工程には何から何まで同じ二つの容器を使う。容器はチューブでつながれ、その途中は閉じて一方を他方から遮断することができる。一方の容器は空気を抜き、真空状態を保つ。もう一方は一定の圧力まで気体をいっぱいに充塡する。次に二つの容器を隔てている仕切りを取り除き、気体が膨張して両方の容器を満たすようにする。気体の法則によれば、体積が二倍になれば圧力は半分になる。しかし、気体の温度（実は気体の粒子が飛び回る速さを測定している）は、そのままであるはずだ。

実験の結果、これは事実であった——大筋では。ジュールはわずかな温度低下に気づき、理由を知りたいと思った。計算は少々複雑で、ここでトムソンが一役買った。わかったのは、ジュール膨張は多かれ少なかれ理論的なプロセスであるということだ。実際には気体の法則に完全に従う気体はないのだ。気体の法則は理想気体に関するもので、ほとんどの現実の気体は、通常の条件ではこの理想状態に近いので、細かい不一致はそれほど問題ではない。

とは言え不一致は存在する。ジュールとトムソンは、それを利用してノズルとポンプ程度のもので大きな温度低下を作り出す方法を見つけた。彼らが発見した効果は、いみじくもジュール＝トムソン効果の名で知られている——ものに名付けるとなると常に一貫性があるのが、物理学者の取り柄だ。装置はジュール膨張に使われたものと似ているが、二つの容器の接続はもっと狭いノズルで、気体はただ膨張するだけでなく、一方の容器からもう一方へと押し出される。

その結果、気体はきわめて急速に膨張して真空を満たし、その間に温度は急低下した。温度が低下したということは、気体の粒子の動きが遅くなったということであり、速度低下の理由は、理想を阻む現実だ。

気体の法則は気体粒子間に作用する力を考慮に入れていない。それはただはね回り、互いに、あるいは周囲のものに衝突しているだけだと考えられている。しかし、非常に小さいが無視できない力があって、気体の粒子を結びつけているのだ。だから気体を何もない空間に高圧で押し出すと、空間を満たすために懸命に動かなければならなくなる。この動きは、個々の粒子が結びつける力を振り切ることで発生する。それにはすべて少量のエネルギーが必要なので、粒子は遅くなり気体は冷えるのだ。

一八五二年に発見されたジュール＝トムソン膨張は、われわれの冷蔵庫を後ろから支える効果だ。科学と技術は低温を作る方法を見つけだした。しかし関心を持つ人間はほとんどいなかった。研究者がエネルギーの秘密を解き明かすのに忙しい一方、実業家たちは何百万トンという氷を、冬の国から常夏の熱帯に運んで富を得るのに忙しかった。凍った水は世界商品となっていたのだ。

第7章　氷の王

……チャールストンやニューオーリンズ……マドラスやボンベイやカルカッタなどの暑さにあえぐ住民たちは、どうやら私の井戸の水を飲んでいることになるようだ。……清らかなウォールデンの水がガンジス川の聖なる水とまじりあうのだ。

ヘンリー・デイビッド・ソロー、ウォールデン湖にて、一八四七年
『森の生活（ウォールデン）』（飯田実訳、岩波書店、一九九五年）

チャールズ二世の氷室

低温の深みを探り、その不倶戴天の敵たる熱を利用する長い探究の魔術と機械装置の背後には、常に天然の氷があった。一六六〇年、イングランドのチャールズ二世――イングランドで初めてエアコンを持った君主ジェームズ一世の孫――はロンドン中心部に新たな庭園を作らせた。その結果、二つの既存の王立公園――ハイドパークとセントジェームズパークがつながり、帯状の王室の土地が生まれた。今日、チャールズの庭園はグリーンパークの名で知られている。ロンドンのウェストエンドにおけるサンドイッチと日光浴の中心地だ。しかしチャールズの本来のビジョンはもっと豪華なものだった。そこは、内乱とそれに続くオリバー・クロムウェルの共和国時代、ヨーロッパに亡命していた王が崇拝するようになった流儀で、国内外の高位高官をもてなすことのできる場所だ。そのために、チャールズはウェス

トミンスター北の牧草地（以前は主に決闘場として、また、奇妙な内乱に使われた）を王室のものとし、塀を張り巡らせてシカを放した。それからチャールズは観賞用水路と狩猟小屋、さらには「フランス、イタリア、その他暑い国々の一部では、夏にワインなど飲み物を冷やすために、このようなやり方をする」との理由で氷室を加えた。

一六六〇年一〇月に完成したこの王立の氷室は、この種のものとしては英国初だった。敷地には六棟の氷室があり、すべて庭園の東の塀のすぐ向こう、サンドピット・フィールド（当時はアッパー・セントジェームズパークと呼ばれた）に建てられていた。サンドピット・フィールドは現在セントジェームズ宮殿のはずれとなっている。氷室の遺構の上にはロンドンで特に設備の整った建物が立っている。今もそこでは、冷蔵はまさに最新技術だと思われているに違いない。私たちの物語の出発点、マリ文書を再現するかのように、「いかなる王もかつて建てたことのない」チャールズの氷室は、イングランド社会にセンセーションを巻き起こした。

すでに見たように、ロバート・ボイルは一六六〇年代の低温ブームに夢中になり、新しい科学分野の口火を切っている。おべっか使いの政治家のエドマンド・ウォラーは、こんな詩を書いた。

国王陛下により新たに改修されたセントジェームズ公園のこと

そこに寒中の収穫を蓄え
王の杯を清々しく冷やす
氷は水晶のように、堅く失われることはない

七月の炎暑を一二月の霜が和らげる
冬は暗い牢獄、逃れることはできない
しかし暖かい春、その敵は間近に迫る
奇妙なるかな！　その両極がかくも雪を保つのだ
アルプスの高峰、地中深い洞穴のように

しかしマリ文書が書かれたのはチャールズが王位に返り咲く一九〇〇年前であり、王とその氷室は、王の杯をどれほど冷やそうと、少々時代遅れだった。

かの古代の商品、かのルネッサンスの驚くべき玩具、氷は数百年来、採取されてもっと古風な氷室に貯蔵されていた。一七世紀になっても、ヤフチャールは依然としてペルシャの砂漠に清々しい氷を作り出していた。コンスタンティノープルの商人のデザート、シャルバットは、ウルダー山から運び下ろした氷片で冷やされていた。マルマラ海を隔てて高くそびえるこの山の頂上を、かつてこの地域を支配したヘレニズム時代のミシュア文化は、この地のオリュンポス山、神々の座であると考えていた。西へ目を向けると、シチリア人はエトナ火山の雪（その一部ははるばるローマまで運ばれていた）で作るソルベを楽しんだ。スペイン南部では固く押し固めたシエラ・ネバダの雪が山腹の大きな氷穴に貯蔵された。夏になると雪のブロックが夜な夜なラバの隊列で、グラナダを中心にムーア人が建設した通商路を通って運ばれる。すべては彼らが移入した中東の氷室技術のおかげだ。

今度は同じ技術を移入しているのはイングランド人だった。主に、英国とアイルランドを震撼させた一七世紀半ばの革命の動乱で、亡命を余儀なくされた貴族が戻ってきたためだ。秩序が――そして君主政治が――回復すると、貴族たちは田舎の地所に通い、氷室をどこか邸宅の近くに置くことが必須になった。

ペルシャ人の叡智を踏まえて、氷室は必ず地中深く掘り下げられた。地中のほうが地表より温度が低いと考えられていたのだ。倉庫の地上部は当時流行っていた擬古調に飾り立てられているものもあれば、単なるわらぶきのピラミッドもあり、中には城の塔の内部に作られたものまであった。多くは地下室に続く扉のある、土を盛り上げた塚にしか見えなかった。

作家のＪ・Ｒ・Ｒ・トールキンは、子どものころバーミンガム郊外にあるモーズリー公園で遊んでいたという。公園はかつて大きな邸宅があった屋敷の一部で、公有に移管されていた（英国の有名チョコレート製造業者キャドバリー家により寄贈された）。公園の木々に隠れて忘れられた屋敷の氷室（その後再建された）に通じる半地下の戸口を、トールキンはきっと見つけていただろう。これがファンタジー小説『ホビットの冒険』と『指輪物語』に登場する「ホビット庄」のドーム型の家の発想の基になったのではないかとよく言われている。

モーズリーの氷室の設計は典型的なもので、フィリップ・ミラーが一七六八年に定めた建築の規則に従っている。氷室は水はけのよい土地に建てるべし。湿気の多い土は貯蔵している氷を解かしてしまう。最善の立地は開けていて、日光と風で土が乾くところだ。森に囲まれた立地はどうしてもじめじめする。水はけがよくならないところでは、氷室は地面より上に作らなければならないが、それでも土に埋めるか、他の何らかの方法で囲わなければならない。内部の貯蔵庫は丸い形で長持ちする造りとすべきだ。英国の冬は毎年在庫を補充できるほど寒くなるとは限らないので、氷を貯蔵庫に三年置く必要があるかもしれないと、ミラーは言う。

氷室とクーデター計画

氷を外界から遮断するために、貯蔵庫にはトンネルで出入りする。トンネルは、外扉を開けたときに温かい空気が外からわずかでも入らないように、曲がりくねっていることもある。たいてい内扉が少なくとも一つある。扉の縁には革が張ってあり、閉じると密封状態ができる。

トンネル、階段、ドアを抜けると、氷職人は貯蔵庫本体に到着する。天井はレンガのドームで、氷は床下の貯蔵庫に詰め込まれ、上げ蓋から出し入れされる。初期の設計の貯蔵庫には、底に向けてすぼまったものや、完全な円錐形のものさえあった。水が底に向けてしたたり、排水口から出ていくので、硬い氷を「腐らせる」ことがないという発想だった。氷は、解けた水たまりに浸らないように、深い底から浮かせた鉄格子か木材の台に積み上げられる。

貯蔵庫は釣り鐘形やタマネギ形の構造に進歩し、二重壁を備えて外壁と内壁のレンガのあいだにある空間で断熱性を高めるようになった。もっとも進んだ設計では、解けた水を排水溜めに集める。それは、清潔に保つことができれば、冷水源として汲み出された。

氷室の建設には熟練したレンガ職人が必要で、多くはオランダから迎えられた。英国の貴族はその後数年で、まったく新しい王室をオランダから迎えるまでになった。その計画は、新たに建てられた氷室の中で生まれた。チャールズの後継者ジェームズ二世に不満を持っていたクーデターの企画者は、冷徹な計略を練るために安全で人目に付かない場所を探した。謀反者一味は一六八六年の夏、イングランド、ドーセットにある屋敷チャーボロー・パークの、分厚い壁に囲まれた氷室で会合を開くことにした。王のスパイに察知されることなく、一味はオランダの貴族オレンジ公ウィリアムに接近して、王位に就くことを持ちかける計画を立てた。二年後、ウィリアムの小規模な侵攻軍は妨害に遭うことなく上陸した。

クーデターは成功し、「名誉革命」として知られるようになった。

チャールズ王のグリーンパークと同様、イングランドの大きな屋敷は、一般に近くに山がなく、あってもたいてい大陸の巨大な岩山に比べると小さく雪が少なかった。その代わり、英国人はペルシアの氷職人のもう一つのやり方を（オランダの水管理ノウハウの助けを借りて）まねた。浅い製氷池が付属した氷室だ。こうした池の中には、今日われわれが観賞用の池だと思っているものもあるかもしれないが、当時、冬に十分寒くなれば、それは氷室のために使われ、一面に凍るとその氷は取り込まれた。小さな川をせき止めて作るボート池や釣り堀も、英国の田舎の屋敷にはよくあるものだ。その中には地下の壁が残されているものもある。水漏れを防ぐダムと、凍結状態が広がったときに池の一部分を安定させるために使われているのだろう。

氷は冬ごとに必ず収穫ができるわけではなく、貴重品だった。もっとも大きな氷室には、氷職人のための小部屋がしつらえられていた。氷職人は在庫を見張り、主人に言われるままに塊を切り出す。もともとはウルジー大司教が一五一四年、ロンドン南西のテムズ川沿いに建てたハンプトン・コート宮殿には、特別に大きな氷室がある。一六〇九年、新たに即位した王ウィリアム三世は、宮殿をロンドンのベルサイユに変えるという壮大な計画を再度立ち上げた。ただし英国調（それともオランダ調か？）で。いずれにせよ、それは実際には未完成のままだが、それでも見事ではある。

ハンプトン・コートの氷室は、当初は雪井、つまり草ぶきの屋根があるレンガで内張した縦穴だった。一六九〇年代にそれは本格的な氷室に改装され、最終的に元の雪井の上が一二角形の建物で囲まれた。「国王陛下の氷井の衛士」ジェームズ・フロンティンの命で、井戸は鉄帯により補強され、ドームで覆われた。ドームと外壁のあいだの空間には小部屋があり、暖炉が備え付けられている。これは、中で仕事中の氷職人からは大いに歓迎されたに違いないが、より多くの氷をしまうためにはあまり役に立たなかった。

こうした場違いな特徴は、凍結と融解のプロセスが、特に氷井の衛士フロンティンにとっては、まだ謎だったこと、氷室の建設は効率の要求だけでなく伝統に強く影響されることを示している。すべての規則に従ったのに失敗した氷室の建設計画の記録は数多くある。

それでも、一九世紀になるころには、同じように気密性が高い地下の氷室が、大西洋を越えたアメリカ合衆国の新しい上流階級により建てられていた。ジョージ・ワシントンまでもが、自分が蓄えた氷のことを一七八五年に書き記している。ボストンの名家であるテューダー家は、現在のマサチューセッツ州ソーガス近郊の田舎屋敷に氷室を持ち、身を切るようなニューイングランドの冬のあいだ集めた氷を詰め込んでいた。テューダー家は、チャールズ二世がそうしたように、氷を楽しんだ。しかし一家の真ん中の息子フレデリック・テューダーは、氷を贅沢品ではなく生活必需品として、世界中の市場に輸送するきっかけを作った。今日、「世界の氷王」として記憶されているのはテューダーだ。

四

アメリカ北東部諸州において氷が不足することはめったにない。西ヨーロッパの冬を比較的おだやかなものにしている、大西洋の気象配置の反対側に位置しているからだ。対照的にアメリカ東海岸の冬は、湖や川を南のバージニア州までたやすく凍らせる。

未利用で評価の低い自然の恵みから利益を得たニューイングランドの実業家は、フレデリック・テューダーが最初ではなかった。一八〇二年、メリーランドの農家トーマス・ムーアはアイスボックスを発明し、作ったバターを市場に運ぶために使った。ムーアの冷えた固いバターは、商売敵のぐちゃぐちゃで饐《す》えたバターより高値がついた。しかしムーアは、アイスボックス市場にはバター市場より大きな利益があると考えた。問題は、現実にはアイスボックス市場がなかったことだ。少なくともその時点では。

一八〇三年にムーアは自分の発明品に特許を受け、リフリジェラトリー（これは蒸留器で酒を凝縮させるのに使われる冷却コイルから借用した語である）と名付けた。特許には誰あろうトーマス・ジェファーソンが署名した。ジェファーソンはアイスボックスにいたく感心し、自分でも一つ買った。リフリジェラトリーの設計はさほど印象的なものではない。ヒマラヤスギ材でできた楕円の桶に長方形のスズの箱を収めたものだ。砕いた氷と雪が両者の隙間に詰め込まれ、箱の中のものを何でも冷たく保つ。氷が解けないように、入れ物全体は裏にウサギの毛皮を張った布で包まれている。

ムーアは明らかに自分の発明に大きな可能性を見ており、特許を取得した直後にボルティモアで出版した、そのさまざまな応用に関する小論の中でこのように述べている。

以下はこの機械を応用しうる有用な目的の一部である……。一家に一台地下室に置いて、毎日氷を二、三ポンド入れてやれば、食品は新鮮に保たれ、バターは固まり、牛乳などの飲み物は好みの温度にしておける。小型で美しいものをテーブルとして使うように作り、飲み物やその他食品を何でも入れておけば、冷却効果がはたらいているかぎり、良好に保たれるだろう。

肉屋など生鮮食品を扱う商売では、この機械で売れ残りの肉を、塩漬けにせずとも寒い季節と同じように安心して保存することができるだろう。またこれを使うことで、生の魚をチェサピーク湾のどこからでも、もっとも暑い時期にボルティモアの市場まで、冬場と同じ良い状態で運ぶことができると私は確信している。

ムーアのリフリジェラトリー——すぐにもう少しすっきりしたリフリジェレーターに改称された——は、いかなる仕様でも大量に作ることができた。氷、ヒマラヤスギ、ウサギの毛皮が不足する心配はなかった。しかしムーアは、顧客が足りないことに気づいた（ジェファーソン大統領は買ってくれたが）。ムーアはすぐ別の事業に関心を向けた。大統領と少しばかり接点があったおかげで、政府の大きな契約を取ることができ、若い国家が必要とする道路、水路、橋の建設に携わった。リフリジェレーター製造販売が離陸することはなかった。独立直後のアメリカの家庭はそれを必要としていなかったのだ。

アイスボックスから氷ビジネスへ

一八〇五年、アイスボックス構想へのムーアの興味が冷めたちょうどそのころ、二三歳のフレデリック・テューダーは自身の氷ビジネスを始めたばかりだった。ムーアは冷蔵の構想が実現することを示したが、誰も買おうとしなかった。テューダーの計画は、冷たさを欲しがる人々に売ることだったが、構想の実現を信じる心の準備ができている者はいなかった。初めの疑いが間違っていることを証明するまでには、二五年の年月をかけ、数度の投獄、想像を絶する負債、黄熱病、神経衰弱を経験しなければならなかった。

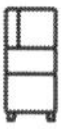

テューダー一家のロックウッドの屋敷にあった氷室は贅沢なものだった。フレデリックと兄弟姉妹は

夏じゅう冷たい飲み物を飲み、自家製アイスクリームを食べた。彼らの牧歌的な子ども時代は、ハーバードで教育を受け弁護士で裁判官だった父ウィリアムと、パン職人で実業家だった祖父ジョン・テューダー（六歳の時に一文無しの母と共にイングランドからボストンにやってきた）が蓄えた一家の財産に支えられていた。

しかし、財産は悲劇を避けるのに役立たなかった。一八〇一年の冬、テューダー家の次男ジョン・ヘンリーが病身となった。おそらく結核が骨に広がった長患いだろう。一九歳のジョン・ヘンリーは暖かいところに転地することになり、弟のフレデリックが付き添った。フレデリックはまだ一七だったが、すでに学校を中退して、あるボストンの商人のもとで見習いとして四年近く勤めており、広い世界を見ることができるとわくわくしていた。

二人はキューバに渡り、父が旅費としてくれた一〇〇〇ドルで砂糖とコーヒーの取引に手を出そうとしていた。二人とも船酔いと日焼けに苦しめられ、南への航海を楽しく思わなかった。春にハバナに着くと、二人は元気を取り戻し、しばらく愉快に過ごした。当時まだスペイン領だった島内を旅してまわり、その間じゅう無分別な商売をしては、決まって損をした。しかし、カリブの夏の暑熱が始まり、黄熱病の脅威を運んでくると、テューダー兄弟はもはや耐えられなくなった。二人はカロライナのチャールストン行きの船に乗ったが、航海のあいだジョン・ヘンリーの容態はどんどん悪くなった。チャールストンの気候もニューイングランドの若者にはやはり耐えがたく、二人はさらに北へ向かい、最終的にペンシルベニアの温泉地に落ち着いた。ここならジョン・ヘンリーは回復するかもしれない。しかしそれも甲斐なく病状は悪化し、母（長男のウィリアムと共に南へ来ていた）にフィラデルフィアへと連れられて行った。フレデリックとウィリアムがロックウッドの家に帰った数カ月後、これ以上の旅行に耐えられない病状になったジョン・ヘンリーが、フィラデルフィアで死んだという知らせが届いた。

フレデリックは兄を失ったことを深く嘆いた。そして焼けつく南部への初めての船旅は、人格形成に大いに影響した。ハバナの暑さに苦しみながら、フレデリックはわが家で楽しんでいた冷たい氷のことを、それが死にかけた兄の苦しみを和らげたかもしれないことを、きっと考えていたのだろう。

さらに二年、父と親しい商人のもとで働いたのち、フレデリックは独立して商売を始めた。最初の事業は内輪のもので、父（息子たちからは「判事」と呼ばれていた）と兄ウィリアムの資産への投資だった――ボストンのような成長著しい都市では手堅いものに思われた。

一八〇五年には、フレデリックは自分の一生の仕事を思いついていた――それは一家の商売にもなり、ウィリアムと手に手を取ってやっていくことになる。フレデリックは八月一日から日記を付け始めた。表紙には「氷室日記」と記され、初日にはこう書かれていた。


ウィリアムと私はこの日持てる資産を合わせて、次の冬、西インド諸島に氷を運ぶ事業に乗り出すことを決意した。

計画はきわめて単純だった――あとでわかったが、単純すぎた。第一に、カリブ諸島の総督府に話を持ちかけて、ニューイングランドの氷をそれぞれの島に供給する独占権を確保する。第二に、冬にロックウッドの池で氷を切り出し、ボストン港に運ぶ。第三に、氷をボストンの船で南に運ぶ（詳細は未定）。第四に、氷を売って大金持ちになる。第五に、翌年もこれを繰り返す。
全体として理屈は完璧だった。テューダーは、ある場所では無料で豊富なものを集め、それが価値を持つ場所で売ろうとしていたのだ。その後三〇年、テューダーは何度となく、自分の氷貿易計画が完璧とは言えないことを思い知らされる。

氷貿易業者として一歩を踏み出してからのある年のある日、テューダーは氷室日記の表紙を一九世紀らしい自助のスローガンで飾った。「最初の反撃でたじろいで、次の一撃を打たずに成功をあきらめる者は、戦争でも恋愛でもビジネスでも、これまで英雄になったためしはないし、これからもなることはない」。

どうやらうまくいかなかったようだ。

しかし、テューダーが楽観主義と自信を失うことはめったになく、しかも氷ビジネスを始めたとき、それには十分な根拠があった。一家の友人たちは投資を丁重に断り、ボストンの商人たちは、好意的な者もそうでない者もおおむね、この考えはこっけいで馬鹿げていると口をそろえた。テューダー兄弟はかまわず推し進んだ。ウィリアムと、ジェームズという名のいとこは、マルティニーク島へと出航した。その任務は島の総督を懐柔して、欠かすことのできない例の独占権を得ることだった。今は笑っているが、ボストンの商船団の実力者たちは、カネの匂いがすればすぐ一口乗ってこようとするだろうと、テューダーは確信していた。

フレデリックは氷の採取と、翌春の南への運搬を手配するため国内に留まっていた。ウィリアムとジェームズはそのころ、運と不運が入り交じった経験をしていた。南への海路は悪天候、海賊、国籍がわからないヨーロッパの海軍同士の衝突に阻まれた。マルティニークの魅力的だが暑い首都、サン・ピエールに到着すると、しかるべきつてをたどってフランス人の総督にたどりついた。ここまでに一カ月以上かかり、彼らの独占権の要求は、二つの必須条件を満たすことと引き替えに認められた。一つは、氷の販売方法を総督に教えること。二つ目は総督に四〇〇ドルの前払い金を支払うこと。

第一の条件はきわめて危うかった。テューダー兄弟は、氷を島に届けるという以外あまり計画を立てていないようだった。第二の条件もやはり問題だった。彼らはそんな余分な大金を持っておらず、そこで総督を金貨数枚で買収した。独占権は彼らのものになった。

そのころボストンでは、フレデリックが問題を抱えていた。最初の氷輸送のために船を貸してくれる船長が見つからないのだ。貨物帆船は船体のバランスを保つように注意して荷物を積み込む必要があり、ボストンの船長はさまざまな荷を運ぶのに慣れていた。船倉に氷を詰め込むのは馬鹿げていると、彼らは言った。氷は解けて船倉を水浸しにし、他の積荷に損害を与えるだろう。また、水が船体から漏れ出せば船が軽くなり、重心が高く危険になる。

フレデリックは金で問題を解決した。自前の船、フェイバリット号を買ったのだ――それによりマルティニークへの最初の輸送で利益が出る望みはなくなった。

島ではジェームズが黄熱病で倒れていた。当時のこの地域ではありふれた病気だ。闘病中のジェームズを残してウィリアムは、テューダーの氷の市場として将来的に見込みがあるか調査するという口実で、近隣の島を回っていた。島のはしごにほとんど効果はなく、ウィリアムはフレデリックと氷がサン・ピエールに到着したときの準備をしていなかった。公平のためにつけ加えれば、弟が来るかどうかさえウィリアムには知りようがなかったのだが。

氷輸送船の初出航

だがフレデリックは行こうとしていた。フェイバリット号の積み込みは二月半ばには終わっていた。

船倉は断熱層となる板で内張されていた。ロックウッドの池の氷を割って、ボストンの波止場まで荷馬車で一五キロを運ばれた粗く切った氷の塊は、船に収まると、干し草を分厚くかぶせて密閉された。フェイバリット号の華々しい出航は『ボストン・ガゼット』に、あまり華々しくない言葉で記録されている。

冗談ではない。八〇トンの氷を積んだ船がボストン港からマルティニーク島へ向けて出航したのだ。この投機が滑らないよう願っている。

船が外洋へと進んでいくときの、フレデリックの満足げな笑みが目に浮かぶようだ――船倉には八〇トンではなく一三〇トンの氷が入っていた。これが本当の凍結資産だ。

何事もない順調な航海が終わり、マルティニーク島が目で見えるころには、その笑みも引きつり始めていただろう。ジェームズはウィリアムのカリブの旅に合流するため出発したあとだった。彼らの代わりにいたのは、独占契約書と兄からのメモを持った島の役人だった。メモの内容はそっけなかった。マルティニーク島に氷の市場はない。フレデリックは長居に及ばない。ウィリアムは自分の居場所や、フレデリックが他にどこを当たってみたらいいか、ヒントになるようなものは残していなかった。

ウィリアムは氷の貯蔵場所を用意しようともしていなかった。フレデリックは、これがそもそも島にやってきた主目的の一つだと思っていたようだ。当時まだ、有効な氷室は半地下に作らねばならないと考えられていたが、フレデリックはのちに、旧世界のよくできた雪井や氷穴に勝るとも劣らない（そしてはるかに安く建てられる）木造の氷室のパイオニアとなる。しかし一八〇六年三月には、船いっぱいの氷（その大部分は三週間の航海のあいだ凍ったたままだったらしい）がありながら貯蔵する場所がなかった。そして、すぐにわかったのだが、実はそれを売る相手もいなかったのだ。

フレデリックは波止場で氷を売ることにした。まるまる全部で四〇〇〇ドルの申し出があったと言われるが、それでは輸送費も出ないので断った。一ポンド（四五〇グラム）あたり一六セントでは、氷取引は景気がいいとは言えない。島生まれの地元民にとってそれは珍しいものだったが、使い道を思いつく者はほとんどいなかった。顧客は、買ったものを日なたに置いたり、冷たくしようと風呂に入れたりして、それが水になってしまうと途方に暮れていたとフレデリックは伝えている。フレデリックは売れるたびに説明書を付け、毛布でくるんでおくように客に勧めたが、商品への関心は薄く、フェイバリット号の船倉でみるみる解けていくことに不安になっていった。

かすかな希望の光はアイスクリームとして現れた。サン・ピエールには遊園地があり、そこのオーナーは利用者に冷たい菓子を売るというアイディアを喜んだが、実現できるとは思っていなかった。アイスクリームはこのあたりではまだ神秘的なものだったが、フレデリックにとってはそうでもなかった。

アイスクリームは氷にクリームを混ぜて作るわけではない。代わりにフレデリックは氷に塩水を混ぜた。これはルネサンスの魔術師が作った寒剤だが、今度は赤道のすぐ北にある火山島で活躍するのだ。当時アイスクリームを作るのは手間がかかり、フレデリックは大変な仕事を引き受けることになった――このために六〇ポンド（二七キログラム）の氷を使ったと言われている。クリームと砂糖は金属の容器に入れられ、それが寒剤に浸される。低温の液体で冷やされたら、クリームを休みなくかき回さねばならない。フレデリックはその日の大半をアイスクリーム作りに費やし、それはその晩、サン・ピエールの遊園地で三〇〇ドルで売れた。思いがけないアイスクリームの登場は、島の新聞にまで載った。

氷は売れるより早く解けたが、フレデリックは二〇〇〇ドルの売り上げを何とか達成し、資金を増やすために砂糖を満載して、三月にボストンへの帰途についた。帰りの航海はフレデリックの資産にさらなる痛手を加えた。フェイバリット号のマストが嵐で失われ、修理のためにセント・ピエールに戻り、高額な修理を受けなければならなくなった。船は四月末にようやくボストン港に滑り込んだ。

ウィリアムとジェームズの姿は見あたらず、フレデリックは一人損失を計算しながら、怒りをつのらせていた。不運な二人組は六月にやっと陸地を踏んだ。スペインの海賊に襲われ、海上で方向を見失い、しまいには黄熱病の検疫に引っかかっていたのだ。彼らの実情調査でわかったことはたった一つだけだった。英領西インド諸島の植民地で氷販売の独占権を獲得することは可能である。しかし一つ問題がある。ロンドンへ行って枢密院、すなわち尊敬を集めている顧問による、王に対してのみ責任を負う宮廷内の諮問機関の許可を求める必要があるのだ。

全体としてみれば、氷ビジネスの最初のシーズンはうまくいかなかった。フレデリックは資本金を使い果たし、その結果得られたのは三〇〇〇ドルの損失だった。ウィリアムとジェームズに新規事業の肝心な部分を任せた自分の過ちを嘆いているうちに、フレデリックの怒りは自己憐憫へと変わった。それでもフレデリックは、もう一度挑戦しようとしていた。ただし今度は確実な成功のため、他人に頼らず。

□□

一八〇六年、ウィリアムは、西インド植民地との取引協定の交渉を試みて、ロンドンに向かった。妹のデリアと両親が同行した。両親はこの旅行をロンドンの——そしてのちにパリの——上流社会と交流する機会として利用し、デリアを裕福な男性に嫁がせることをもくろんでいた。

一家に商売の素質がないことがわかり始めていた。フレデリックと父が数年前に参入した土地取引は、期待したほど確実なものではなかった。ボストンの南にある彼らの土地は、何の役にも立っていなかった。市がそれ以外の方向に拡大しているので、そこにだけは誰も建物を建てたがらないという土地を、彼らは買ってしまったようだ。

無鉄砲な楽観主義が、しかし、確かに一家の中を流れていた。テューダー判事はヨーロッパへの物見遊山のために多額の借金をした。一家の財産は尽きかけており、フレデリックだけに、まったく無鉄砲で楽観的なものではあるが、また財産を作る計画があった。だが、経営のすべてを握っていたフレデリックは、まだ別の力に自分が振り回されていることに気づいた――今度は司法制度と国際政治に。

一八〇五年のマルティニーク島での大失敗に学んだフレデリックは、サン・ピエールでの貯氷庫の建設を手配した。これで在庫が売れる前に消えてしまうことは防げるだろう。一八〇五年のもう一つの教えは、熱帯の島には氷を買う客がそれほど多くないということだ。この問題へのフレデリックの答えは、拡大だった。ハバナにもう一つ貯氷庫を建て、春の輸送に備えたのだ。カリブ諸国でもっとも大きく近代的な都市では、きっとアイスクリームや冷たい飲み物の需要も大きいだろうと考えたのだ。

一八〇七年、ニューイングランドの氷の第二弾が、今度はハバナの在庫としてカリブに送られた。フレデリックは同行せず、販売を別のいとこ、ジェームズの兄弟のウィリアム・サベージに任せた。キューバの貯氷庫は、どうにか用が足りるという程度のものだったようだが、ウィリアムは六〇〇〇ドルの氷を二週間で売った。氷を運んだ船――トライデント号（フェイバリット号はかなり前に売却されていた）――は糖蜜を積んでボストンに戻る契約になっていた。これは売り上げをさらに増やし、フレデリックに利益をもたらすはずだった。ところが糖蜜の顧客が破産し、フレデリックはまた赤字になった。

マルティニーク島に氷を運ぶ金は残っておらず、テューダーの新築の貯氷庫は空のままだった。

絶妙のタイミングで、ウィリアム・テューダーはフレデリックに、いいニュースと悪いニュースを手紙で知らせた。英国が西インド植民地での氷の専売権をテューダーに与えた。当局は、この事業が密輸業者の偽装ではないかと疑い、却下するつもりだったようだ。しかしウィリアムは、氷の医療効果について、ジャマイカやバルバドスでは有益で、人命を救うこともできるだろうと医師に証言させ、何とか説得することができた。ウィリアムにしては上出来だったが、フレデリックには金がなく（あるのは借金ばかりだ）、こうした新しい市場の開拓はできなかった。

通商停止、投獄、米英戦争

一八〇七年の冬、フレデリックは貯氷庫の再建のためにハバナ行きを準備していた。売れ行きは上々だったが、氷を船から降ろしてしまうと、解けてしまう量があまりに多かったのだ。氷の倉庫が半分完成したところで、別の障壁が氷ビジネスの前に立ちはだかっていることを、フレデリックは知った。皮肉にも氷技術に将来性を感じていた数少ない人物、ジェファーソン大統領が、外国港への積み出しを全面的に停止した。英国とフランスがひんぱんに争っていた時期にあって、アメリカ合衆国の主権行使を試みたのだ。輸出を禁止するのが、アメリカが紛争（そのためにアメリカの領海近くで海軍同士の小競り合いがたびたび起きていた）に対して中立であることを示す最善の手であるという発想だった。現実には禁輸によりボストンの商人が多数破産に追い込まれたが、フレデリック・テューダーは別だった――いずれにせよ、それまでに何度も破産していたのだ。とは言え、禁輸が行われているあいだ、キューバへの氷の輸送はできなかった。

ていた。よりによってこの時期に、テューダー家が英国領だけでなくフランス領でも専売権を得たことを、ウィリアムが知らせてきた。彼らは市場を独占しながらその開拓を禁じられたのだ。

フレデリックはニューイングランドへ戻り、次第に殺気立っていく債権者を避けながら、野心を温め

通商停止は一八〇九年まで続き、その年の南へ運ぶ氷が収穫できるようになってから解除された。フレデリックは次の冬まで待たなければならなかったが、冬が近くなるころ、負債の不払いで逮捕された。ボストンの商業地域の中心ステート・ストリートで、衆人環視の中、令状を提示されたのだ。家族が有り金をかき集めて監獄から救い出したものの、この屈辱はフレデリックにとって大打撃となった。一八一〇年初め、次にハバナへ氷を出荷する時期が来ると、フレデリックは悪評から逃れるために一緒に船に乗った。

一八一〇年はフレデリックにとって異例の年だった。利益が出たのだ。と言っても負債をちょっと減らすくらいのものでしかなかったが（ただしこの年の成功は大部分いとこのアーサー・サベージが達成したものだった。フレデリックは黄熱病で伏せっていたからだ）。一八一一年には平常に戻った。フレデリックはジャマイカで事業を始めることを計画し、弟のハリーを代理人にした。スクーナー船アクティブ号が、最初の氷を積んでキングストンへ向けて急遽出航したが、この船は沈んでしまった。

一八一二年三月、来るべき時が来た。フレデリックが債務者監獄に送られたのだ。しかし、資産をやりくりして支払いを済ませ、釈放されると、以前にもまして自信満々になっていた。フレデリックはボストンに氷貯蔵庫を建て、夏じゅう南へ送れるように在庫しておけるようにした。自信の源はハバナでの事業で、その業績は順調だった。それを証明するのが、別の氷業者が市場に参入しようとしていたことだ。自分が苦労した――しかし克服した――のと同じ、熱帯で氷を取り扱うことに伴う困難を味わっ

ているのを、フレデリックは面白がって見ていた。アクティブ号の沈没、禁輸、負債、獄中生活、これらはみんな道路のでこぼこにすぎなかった。これ以上悪くなりようがあるだろうか？

一八一二年六月、アメリカは大英帝国と戦争に突入した。公海上のあらゆるアメリカの船舶は英海軍の攻撃目標となった。フレデリックとその解けていく氷は、またも港から動けなくなった。

戦争はほぼ三年続いた。そのあいだにフレデリックは負債のために二回投獄され、大切な一家の農場――そして氷の源――ロックウッドを売ることも考えた。しかし、ロックウッドを初め一家の資産すべてを売っても一万ドル不足していた。

フレデリックは行く先々で逮捕される可能性があった。そこで航路が再び開かれると、密かにハバナへ向かった。

フレデリックは氷をあきらめておらず、一八一六年春にキューバに到着する船の積み込みを手配していた。しかし、到着してみると、そこにはライバルがいた。カルロ・ゴベルト・デ・セタというスペイン人がハバナ当局を説き伏せて、氷の独占販売権を手に入れていたのだ（これは簡単なことだった。そもそもフレデリックも賄賂で独占権を得ていたのだから）。デ・セタはヨーロッパから輸入した人工冷凍機を使った製氷工場を置くことを提案していた。氷の輸入をやめさせようと、デ・セタはボストンまで行ってテューダーの評判を落とすことまでしていた（これも難しいことではなかった）。

氷ビジネスから引退して作家になっていたウィリアム・テューダーは、フレデリックに手紙を送り、現状についての新しい情報をもたらした。氷は遅滞なく積み込まれ、デ・セタは恐れるに足りないと、ウィリアムはフレデリックに断言した。それから、ハリー・テューダー（その時は事業のボストン方面を運営していた）が輸送費用を支払うためにロックウッドを抵当に入れたとつけ加えた。フレデリックが今度失敗すれば、一家はすべてを失う。

一方ハバナでは、フレデリックがデ・セタと並行して二年間商売ができる猶予を勝ち取った（デ・セタは、テューダーにさらに輪をかけた山師にほかならないことが明らかになる。彼は氷をひとかけらも売ることはなかった。提案する装置はせいぜい飲み物を冷やせる程度であり、単により優れたアメリカ人の製品の販売を妨害したかったのだと推定される）。それでもフレデリックにはすでに新たな計画があった。総督は、港のすぐ近くにテューダーの大規模な貯氷庫が建つことに反対していた。立地の承認が取れるころには、ボストンからの氷が到着するまでのわずか二週間で、木造の建物を建設しなければならなくなっていた。

一八一六年のハバナの貯氷庫は、プレハブ式のヒマラヤスギの骨組みからできていた。フレデリックがボストンから運んできたものだ。ほぼ正方形で、高さは約八メートルになる。氷は内室に収められ、外壁とのあいだには約一メートルの空間があった。氷は内部構造の屋根にある上げ蓋から取り出される。この屋根は上階の床になっており、建物の外側にある階段で上る。

外屋根は、氷が運び込まれてから数日のあいだは取りつけられなかった。屋根は融解速度を遅くし、内側の貯蔵所の屋根をおがくずで覆い、さらに毛布で覆うことで融解が許容範囲に抑えられる。

たぶん意図したものではなく、たまたまだったのだろうが、テューダーの貯氷庫は、一見したところ伝統的な規則をすべて破っていたにもかかわらず効果的だった。解けることは避けられないが、フレデリックは優れた排水システムを持っていた――床全体が、屋根を逆さまにしたように中央の排水路に向かって傾斜していて、融解を速める水を流してしまえるのだ。地下に氷を貯蔵すると、暖かい外気から遮断しやすいが、密閉された区画は、氷が水になるときに放出される潜熱を逃がすことができない。これが氷の貯蔵庫の中が温まるという不思議な効果を生む。フレデリックの急作りで安普請の建物は換気がよく、すべての相反する要素を両立させたそれは、単に妥当な答えというだけでなく——その後数十年、世界中で模倣される（そして改良が加えられる）ことになった。

氷が無事収容されると、あとは顧客を探すだけだった。氷の楽しみを一度経験すれば、氷なしの生活では我慢できなくなるというのがフレデリックの持論だった。のちに彼はこのようにまとめている。「一週間飲み物を冷やして飲んだ人は、同じ値段でぬるいのを飲ませようとしても決して納得しない」。だからフレデリックは氷の売人となって、ハバナのカフェに無料の試供品と、大きな広口瓶をおがくずとコケで断熱して作った奇妙なクーラーを提供した。クーラーには一四ガロン（重さ六〇キログラム）の氷が入っており、持ち上げるのに起重機を必要とした。フレデリックはアイスクーラーを、まさに私情むき出しな売り方で売った。「スペイン人よ、飲んで涼みたまえ。この件で耐えに耐えてきた私が、家に帰ってぬくぬくとできるように」。

フレデリックはハバナの暮らしを嫌がり、ニューイングランドに戻りたがっていた。売り込みはある程度うまくいき、ハバナでの売り上げの大部分はアイスクリーム製造のためのものだった。それでも商売は活況で、一〇年に及ぶ混乱の末、ついにテューダー家の氷事業は本格的に稼働した。冬に収穫した氷は、ボストンの倉庫からハバナに夏じゅう供給された。

テューダーの氷が飲み物を冷やすのに使われる一方、フレデリックはその食品保存能力を実験するようになった。多少手を加えると、キューバのオレンジを氷の中に詰めることで一カ月新鮮に保てることがわかった。これにより氷を南に運んだ船に、冷やした熱帯の果物を再び積んでボストンで売る見込みが出てきた。最初にして最後の企ては、またしても高くついた大失敗だった。分厚い断熱材の中で、果物は発酵して腐り出し、吐き気を催すような臭いを発した。売れる程度に質のいいものもいくらかあったが、テューダーが仕入れた果物は、いずれにせよ需要に合っていなかった。夏のあいだは果物は豊富にあり、保存した果物の需要が生まれる冬には、テューダーの氷はハバナではなくニューイングランドの湖にあった。またしてもフレデリックは、氷の販売で生んだ利益をすべて失った。

一八一六年の夏が終わりに近づくころ、フレデリックは兄ウィリアムから、サウスカロライナ州チャールストンに提携先候補がいることを知らされた。ハバナは氷貿易がうまくいくことを証明した。輸出量は一八〇六年に運んだ一三〇トンから、その年には一〇倍近い一二〇〇トンに増加していた。そろそろ南部の都市へ氷を運んでもいいだろう。輸送距離は短いが、氷の効用はうだるような夏には同じくらいありがたがられるだろう。

アメリカ国内での氷販売開始

その年の一〇月、ボストンへ戻るあいだフレデリックはびくびくしていたことだろう。まだ巨額の借金がある身なのだ。彼はすぐさまサウスカロライナに向かい、父の旧友で投資者と目されるトーマス・ピンクニー将軍に会った。問題は、テューダー一家がまったくの文無しで、チャールストンに貯氷庫を建設するために投資する資本がないことだ。

フレデリックは、自分の製品が富裕層向けの珍奇な贅沢品ではなく、必要で手に入れやすい大衆のための商品であることを、後援者に何とか納得させることができた。一八一七年夏、チャールストンのある新聞に、そのように説明し、フィッツシモンズ埠頭に貯氷庫ができることを知らせる広告が載った。

各家庭は毎月使う氷を「北部の町と同じくらい安い」価格で買うことができた。テューダーの会社の大きな貯氷庫は、「小さな貯氷庫」も売っていた。これは保冷容器で、のちに他社からセラレットというしゃれた名前で発売された。まったく同じ設計ではないが、機能的にはそれはトーマス・ムーアのリフリジェレーターのコピーだった。氷を長持ちさせるのと同時に、このアイスボックスは食品を低温貯蔵するのに使われる——そして家庭用品として欠かせないものとなる——ことが期待されていた。

南部への氷の到来が、アメリカ社会を一夜にして変えたわけではない。氷を買い、家まで運ぶのは黒人奴隷の仕事だった（チャールストンは当時まだアメリカにおける奴隷の中心地であり、町には白人より多くのアフリカ系奴隷がいた）。それでも氷の販売が始まった最初の夏の売り上げは上々だった。ハバナのビジネスは、一方、貯氷庫が当局により強制移転させられ、混乱していた。ボストンでは、フレデリックの弟のハリーが、行く先々で債権者につきまとわれ、一家の財政をさらに圧迫して、フレデリックともども市の好ましからざる人物《ペルソナ・ノン・グラータ》に加えられていた。よくあることだが、テューダーは氷産業実現化への道を切り開きながら、取引に参入した他の投機家と同様に倒産の危機にあったのだ。

一八一七年の冬は助けにならなかった。ニューイングランドの冬では、凍結の条件はたいてい突然やってきて、池や川は一夜にして凍る。しかし一八一七年には、本格的な寒気は来ず、したがって氷の供給が不足した。ハバナへの荷は二隻分しかなく、どちらの船も目的地に着かなかった*。一八一八年のハバナからの利益はゼロの見込みだった。

＊一隻目はマストが折れ、二隻目は沈没した。

フレデリックは、氷をチャールストンや近隣の都市、たとえばジョージア州サバンナなどに供給することに将来がかかっていると承知していた。ミシシッピ・デルタの突端のニューオーリンズなら最高の大当たりだ。しかし成功が手招きしているというのに、フレデリックには再出発するための資金がなかったし、逮捕を恐れて家に帰ることもできなかった。失敗もやはり手招きしていた。

意気軒昂なフレデリックは廃業の瀬戸際にいたが、彼らしいひねった論理でこう宣言した。「今や私の評判は質に入ってしまっているので、前に進まないわけにはいかないのだ」。一か八かだった。氷不足にもかかわらず、フレデリックはチャールストンで少々の利益を得て、それをサバンナでの貯氷庫建設――今回はレンガ造りだった――につぎ込んだ。それは巨大な倉庫で、二〇〇トンの氷を貯蔵でき、木炭粉末の断熱層を詰め込んだ中空壁で完全に密閉されていた。

サバンナでの取引は一八一九年に始まり、大成功を収めた。マルティニークの事業も復活し、その年の七月には、フレデリックの現地での代理人スティーブン・カボットから、氷が売り切れてしまったので店を閉めなければならないと報告があった。フレデリックはこの問題に取り合う気分ではなかった。父を亡くしたばかりで、その喪失を嘆き、愛する家族の財産がまだ危うい状態のうちにこの世を去ったことを悔やんでいた。そこでカボットは途方もない計画を実行に移した。氷山を取ってこようというのだ！

実際のところ、やはりボストンの裕福な家庭の出身であるカボットは、それを他人にやらせた。カボットはメイン州の捕鯨船船長ハドロックと、いみじくもリトリーブ（訳註：「回収」）という名のブリッッグ船で北へ向かい、北極海の一片を取ってこさせる契約をした。この向こう見ずな冒険が始まった八月でも、ラブラドル半島沖では、グリーンランドやあちこちで淡水の氷河から「分離」した氷山が珍しくなかった。ハドロックは九月にちょうどいい氷山を見つけ、部下を上陸（氷山を陸と呼べるなら）させ、叩き割らせた。割れた塊は本体から離れて海面に浮いた。すべてうまくいった。リトリーブ号の船倉はほぼ満杯になった。その時、氷山が横転した。氷を割っていた部下が重心を狂わせたのだ。倒れてきた氷はリトリーブ号の船体に損傷を与えたが、ハドロックは一か八かでマルティニーク島へ進路を向けた――乗組員は航海中水を汲み出し続けた。ほどなくカリブの顧客は北極の氷のかけらを賞味できるようになった。マルティニーク島の事業は救われたが、カボットは利益以上の金を豪勢な海外駐在生活に使ってしまったらしい。

フレデリックは、例によって、もっと差し迫った心配を抱えていた。リチャード・サルモンという名の商売敵が一八一八年にニューオーリンズで氷販売業を始めていたのだ。フレデリックが心配して――恐れてさえ――いたのは、儲けの一番大きなところを失うのではないかということだった。このときばかりは運命はテューダー家に味方した。サルモンは破産し、黄熱病で死んだ。しかしフレデリックは市場に参入し支配するために投資を必要とした。

一五年の経験を後ろ盾に、ビジネスパートナー探しは簡単になっていた。フレデリックはウィリアムとジェームズ、マルティニーク島での最初のシーズンに大きな出費をもたらしたお調子者二人からさえ資金を受け取った。種々さまざまな投資家と取引が出そろうと、ハリー・テューダーは貯氷庫を設置するため、一八二〇年の秋にニューオーリンズへと派遣された。

一八二一年の夏には、ルイジアナの氷ビジネスは月に一二〇〇ドルをもたらしていた。だがそれまでに積もりつもった長く困難な時代の不安が、フレデリックをさいなんでいた。

フレデリックは心身が衰弱し、姉のエマの介護を受けるようになった。エマの夫、ロバート・ガーディナーがテューダーの氷ビジネスの経営者代理となった。

フレデリックはハバナで休暇を取りながら、現地の問題――相次ぐ貯氷庫管理者の死――の解決のために働いた。一八二三年にボストンに戻ると、ガーディナーが資産を巧みに節約して――自分自身の資本を少量つぎ込んで――いた。テューダーの事業はすべて黒字で、負債はほとんど償還され、ビジネスは拡大の機が熟していた。一年で何という違いだろう！ そして別の人間が経営を担当したことで……。

四

一八二〇年代半ばには、テューダー家は増大する氷商人のあいだで最大手となっていた。競争は国内で始まった。川や湖が凍った氷は誰のものでもなかった。早い者勝ちだ。それまで氷の収穫は荒っぽい手順で行われていた。氷はおおざっぱに砕かれて粗い塊にされ、荷馬車に積み込まれてまっすぐ埠頭に運ばれる。テクニックとしては「池を沈める」というものがある。これは凍るときに氷に穴をあけると、水が下からわき上がって表面にあふれ、氷の板が厚くなるというものだ。

長年、テューダー家は氷をロックウッドにある自分の池で採取し、それ以上の仕入れは他の地域の供給源から買っていた。一八二五年にはそうした元売りの一つであるナサニエル・ワイエスが、氷を定形のブロックに切り出すシステムを開発していた。ワイエスの発明品は馬に牽かせる切削器で、犂とのこぎりを掛け合わせたようなものだった。氷カッターを牽く馬は、スパイクのついた蹄鉄を履かされているので、滑ることはない。ワイエスのカッターの刃は氷の上に深い溝を刻み、均等な大きさのブロックに区割りする。カッターは溝に沿って繰り返し牽かれ、溝が十分深くなると氷職人がブロックを手で切り離す。このために職人は、長いのこぎりやのみのお化けのような特大の大工道具を使う。割ったブロックは鉤《かぎ》のついたロープと竿で捉えて岸まで寄せ、巨大な氷ばさみで摑んで岸に引き揚げる。

ワイエスのシステムは氷の収穫にきわめて効率がよく、また氷をより多く船倉や貯蔵庫に詰め込むことを可能にした――定形のブロックは、以前の砕いた破片よりきちんとはめ込むことができるからだ。こうした効率のよさは、一八二七年から二八年の季節はずれに暖かい冬に氷争奪戦が過熱する中で、きわめて有益であることが明らかになった。

どう見ても厚さ数インチという薄い中途半端な氷が、ボストンで商品として集められていた。しかし遠隔地貿易にはインチでなくフィート単位の板氷が必要であり、氷の需要は高まっていた。夏が来ればニューヨークからニューオーリンズまで、誰もが氷を求めるだろう。だが分厚い氷は、マサチューセッツの深い池に見あたらなくなってしまった。みんな血眼で氷を探し始めた。

ワイエスの部下はスウェインズ池という場所に厚い氷の大きな供給源を見つけた。彼らは商売敵に気づかれないよう、夜に到着した。しかし、この隠密行動は早い段階で完全に失敗した。荷馬車の進路をふさぐ岩を除くのに火薬を使わざるをえなくなったからだ。夜が明けると現場は戦場のようだった。荷馬車は氷の重みでぬかるんでいく道を抜け出そうと苦闘していた。爆破で飛んできた岩の破片で負傷した労働者は、近所の農家で手当てを受けていた。フレデリックは農家に謝礼として二五セントを支払った。別の地主には一〇ドルを払い、第二戦線を開くために岸の木を伐採して池に近づきやすくする権利を得た。別の採氷業者が到着し、ワイエスの部下たちに二ドル五〇セントを渡して自分のために氷を切り出させた。合計するとスウェインズ池での氷の切り出しにフレデリックは七ドル七五セントを払ったが、それは片道だけだ。氷を埠頭に運ぶ御者は、荷馬車が泥に沈み込んで、ほとんど動きが取れなくなっていた。それに対して彼らは強硬な態度に出て、積荷の氷が解けていく中でたびたび割増料金を要求した。馬車が本道へのろのろと進むあいだ氷に日陰を作るために、ボストンから取り寄せた帆布が木々に掛け渡された。結局大部分の氷は廃棄するしかなかった。

「緯度を変える」ときかもしれないと、フレデリックは判断した。採氷事業を北に移すということだ。たとえばリチャード・ガーディナーが住んでいるあたり、メイン州のケネベック川のようなところへ。

フレデリックの予言は他人が実現した。ワイエスはオレゴン・トレイルの反対側で新たな生活を築く――そして大ばくちを打つ――ために出ていった（妻から逃れるためだったという説もある）。四〇代でフレデリックは結婚し、十分ではあるがまだ莫大とまではいかない収入を得て、安楽な生活に落ち着いた。評判は回復し将来も安泰となったので、その関心は不動産取引と新たな投機であるコーヒーの先物取引に向いた。同じパターンが後半生で現れたことは驚くまでもない。一時フレデリックは北米全体のコーヒー供給の一五パーセントにオプションを持っていて、二一万ドル――今日の五五〇万ドルに相当する――の損失に直面していた。しかし、氷王テューダーの物語はすでに伝説になろうとしており、そのテューダー伝説こそが氷をインドにもたらしたのだ。

四

フレデリック・テューダーはインドに氷の市場があることを知っていたが、さすがの彼もそれに挑むほど大胆不敵ではなかった。一八三三年、次世代のボストン商人のサミュエル・オースティンが、フレデリックのもとにあるアイディアを持ち込み、それで状況が一変した。オースティンの船はカルカッタに定期的に運航していたが、たいてい行きはほとんど空荷だった。ボストンの船はバラスト（訳註：船を安定させるための重し）を見つけるのにいつも苦労していた。遠く離れた異国へ空荷で航海するあいだ、船を押し下げておくための重しになる大きな石を求めて、大勢の乗組員が港じゅうを探し回るしかなかった。

氷をバラストに使ったらどうだろうかと、オースティンは考えた。インドにいくらでもある岩と違い、赤道を越え、喜望峰を回り、再び赤道を渡る船旅を生き延びた氷は、英国人植民者に売ることができる。

アメリカの氷がインドへ

一八三三年、ボストン商船団の自慢の一つ、東インド貿易船タスカニー号に一八〇トンのテューダーの氷が積み込まれたが、フレデリックはこの事業の資金を三分の一しか負担していなかった。タスカニー号は、船倉を開けて氷を調べないという厳命のもと、五月初めに出航した。九月に船はフーグリ川河口に到着し、そこでカルカッタへ遡行するため水先案内を雇う必要があった。船が川をのろのろとさかのぼるのに八日かかり、一部の報告によれば積荷が船倉で解けるにつれて数インチ喫水が上がったという。

カルカッタの人々は不安と期待を膨らませながら氷の到着を待った。氷は、陶器の瓶の側面に霜の層を形成させる昔ながらの気化冷却技術で作られたものを、すでに町で買うことができた。しかしこの「フーグリスラッシュ」は、ニューイングランドから運ばれる透き通った板氷とは比べものにならなかった。タスカニー号が埠頭に着くと、当局者がすでに関税を免除しており、氷を夜のうちに荷揚げさせた――通常は規則に反することだ。そして在印英国人たちは、凍った積荷（まだかなり残っていた）に心奪われ、次の納品に備えて貯氷庫を建てるように手配した。カルカッタは宮殿都市として知られ、貯氷庫は周囲に溶けこんだ建物となることになった。

氷貿易は中国、ニュージーランド、オーストラリア、ブラジルへと送られる世界的なものとなった。一八五六年には、インドだけで一四万六〇〇〇トンのアメリカの氷が輸送され、新しい市場がヨーロッパに開かれていた。イギリス在住のイタリア系スイス人カルロス・ガッティが、初期に参入した一人だ。この人物はスイスの伝統であるチョコレート製造と、イタリアの伝統のアイスクリーム作りを結びつけた。ガッティのカフェはアイスクリームを英国の一般市民向けに初めて売り出した。当初それは、リージェンツ運河から採取した氷で作られていた。念のために言えば、この氷はデザートと一緒に食べられたのではなく、単にそれを作るための冷却材として使われた。運河の水には何が混ざっているのか、わかったものではない。ガッティのデザートは一八五一年の大博覧会で相当な評判となり、商売が繁盛すると、彼はキングズ・クロス駅近くの運河沿いに貯氷庫を建てた。今日、この建物はロンドン運河博物館となっている。*

＊アイスクリームおよびチョコレート帝国はガッティに富をもたらしたが、それは本来目指していた事業ではなかった。予想外の保険金が入った一八六二年には、ガッティーズ音楽堂にその金を投資した。五年後には鉄道会社に売却され、更地にされたあとにチャーリング・クロス駅が建てられた。

ニューイングランドでは、冬場の氷を通年貯蔵するために、池や湖のほとりに大規模な貯氷庫が建てられていた。板氷は機械で成形され、平らにされ、不純物を取り除かれてから、コンベヤーとクレーン――中には辺境の準州から無事帰還したナサニエル・ワイエスが設計したものもあった――が屋根まで持ち上げる。テューダーが最初にハバナに建てた貯氷庫のように、氷は上から詰め込まれる。

氷はもはや無料ではなかった。湖岸のどこに誰が権利を所有しているかによって、湖は分割され、採氷権は売買された。氷の採取地はブランド価値を持った。スパイ池、フレッシュ池、ジャマイカ池。ロンドンの上流階級のあいだでは、マサチューセッツ州セーラムの近くのウェナム湖で採れた氷だけが、清潔で、透明で、健康にいい氷とされていた。実際には、大西洋を渡るまでに、ほとんどすべてのアメリカの氷はウェナムで採れたものになっていた。ノルウェイでは、オスロに近いオッペゴード湖は、これにあやかろうとウェナム湖と改称された。

ウェナムの氷はラドヤード・キップリングがバーモント滞在中に執筆した小説『続ジャングル・ブック』にも記述がある。この中の短編は、フーグリ川での荷下ろしのとき、アメリカの船から海に落ちた氷をオオハゲコウが食べた顛末を描いている。鳥は、この冷たいものの不思議な楽しさ、それから氷がただの水になってしまったときのひどい喪失感をこう語る。

> わたしはしばしば踊りくるい、ようやく呼吸ができるようになると、今度はこの世の不条理を、ひたすら叫びながら踊ったものだ。船乗りどもはわたしをあざわらい、ついには地面を転げまわるほどおかしがっていた。だが、何よりも奇妙だったのは、その不可思議な冷たさはともかくとして、ようやく嘆きの歌をうたいおえてみると、わたしの喉袋には何も残っていなかったのさ！
>
> 『ジャングル・ブック2』（山田蘭訳、角川書店、二〇一六年）

氷産業は誰からも歓迎されたわけではなかった。一八四〇年代半ば、ヘンリー・デイビッド・ソローはニューハンプシャー州コンコード近郊の静かなウォールデン池のほとりに小屋を建てた。ウォールデンは現代生活の煩わしさ——つまりひっきりなしの電報——から逃れて思索にふける場所だった。しかし、現代生活は隠れ家までソローの後をついてきた。一八四六年、鉄道がコンコードまで開通し、それに乗ってテューダーの人間がウォールデンにやってきた。鉄路は道路に代わる氷を港へ届ける手段になった。ソローは池での採氷人の行動を、一八五四年に出版されたその画期的な著書『森の生活』で描いている。当時はほとんど注目されなかったが、この著作は超絶主義運動、すなわち産業社会に疑問を呈し、さまざまな点で現代の環境保護運動——そしておそらく間違いなくサバイバリズム運動（訳註：自然災害や核戦争などに対して自力で備え、生き延びることを目標とする運動）——の基礎を形作る全米的哲学の一角を占めるものだった。ソローは現代社会でなく自然を信頼していた。フレデリック・テューダーのような人物が、湖から氷を集めてとんでもない金持ちになるなど道理に合わないとソローは考え、それが自分や社会のためになるのだろうかと問うた。

一八八〇年代にはアメリカだけで五〇〇〇万トンを超える氷が消費されており、その数字はさらに増えようとしていた。やはり増加していたのがチフスと赤痢の流行で、その原因として天然氷が名指しされていた。ソローは正しかった。氷産業はわれわれのためになっていなかったのだ。だが、自然の低温が怪しまれ始める一方、代わりに機械で作ったものをわれわれは信用できるようになるのだろうか？

第8章　冷蔵庫の仕組み

信頼できる性能がなければ近代的冷凍による省力と利便は失われます。ＧＥのメカニズムは完全自動であり、密閉される鋼鉄の内壁を備えています。

ゼネラル・エレクトリック・モニター・トップ広告、一九三五年

天然氷の終わり

いよいよ冷蔵庫、クーラー、アイスボックスについて語るときが来た。ここに来るまでが本当に長かった。一つには、科学的原理に関する論争と、同時に起きるそれらを利用するための技術を使いこなす努力に何世紀もかかったからであり、もう一つは、人工的冷却は、天然のそれがまるっきり役に立たないとはっきりして初めて浮上したからだ。自然は地球上にわれわれの必要を満たすのに十分すぎる量の氷を用意しているのに、なぜそれを使わないのか？　どうしてフレデリック・テューダーの夢は死んだのか？　結局、それは死んだのだ。ゆっくりとではあったが。

一九世紀、天然物は純粋で清らかであると広く信じられており、天然の氷についてはなおさらであった。ジョン・スノーが、一八四九年にコレラがロンドンの水を介して広まったことを証明し、一八六〇年代にルイ・パスツールが細菌論を展開し、目に見えない微生物が病気の原因であることを暴いたあとでさえ、凍結の過程が何らかの形で不純物を中和したり、排除したりするという考えに人々は固執して

いた。

　現実はまったく違っていた。フレデリック・テューダーの初期の顧客が経験したように。ニューイングランドの氷を一個か二個入れると確かに飲み物は冷えるが、飲んでいるうちにどす黒い澱がグラスの底にだんだん溜まってくる。ニューイングランドの湖は、なるほど澄んだ青い水で有名だ。それはかすかに緑がかった水晶のように透明な氷を生み出す。緑は土から洗い流された植物由来の化学物質と、水中に生息する藻類でできている。このように、湖氷は二つの点で河氷に取って代わった。ゆっくりと流れていることで、ほとんどの川の水はすこし濁っており、水が凍るときに比較的細かい土砂が氷に取り込まれる。また多量の空気が流水には混ざっており、それが細かい泡となって表れ、氷を不透明で「天然」らしくなくする。

　氷に穴をあけ「池を沈め」て、水を下から湧き上がらせれば氷の収量は増えるが、質は低下する。新たに湧き上がった水は、氷の上に溜まったあらゆる沈殿物——落ち葉、埃、氷採集人の足跡——を取り込んでしまう。板氷をどれだけ念入りに洗浄しようと、そうしたものは氷が解けるまで中に入ったままだ。

　氷が速く深く凍る高所で採れたものには、こうした問題がないのは本当だ。だがウェナム湖やケネベック川などのものは、売渡証にはそう書いてあっても、全世界に供給することができなかった。安い氷はアメリカの大都市の上流で川から切り出されてきた。氷の需要が拡大するにつれ、採氷人はえり好みができなくなり、街の近くで集め始め、下水や工業廃水が混ざった水場に通った。

　一八八〇年代、フィラデルフィアのニッカーボッカー・アイス・カンパニーがスクールキル川から切り出した氷は深緑色だった。この川は市の食肉処理場と織物工場の排水路で、あまりに汚染がひどく河原は魚の死骸で埋まっていた。緑の氷を欲しがるものはいなかった。ニッカーボッカー社は氷をメイン州から——「東の氷」と銘打って——輸入せざるを得ず、値上げを招き、新たな道へと扉を開いた。

新たな道はあった。四〇年来、テューダー・アイス・カンパニーはインド沿岸部の大都市、ボンベイ（現ムンバイ）、マドラス（現チェンナイ）、カルカッタ（現コルカタ）へ独占的に氷を供給していた。こうした都市には世界でもっとも派手な貯氷庫があり、それらはニューイングランドの漆喰を塗った小屋よりも王宮に近かった。しかし、氷の王の治世は短かった。一八七八年に蒸気動力の製氷工場がコルカタに建設された。五年のうちに、氷を積んだアメリカの船は来なくなった。

マドラスの氷の宮殿は、しかし、新しい使命を得た。一八九〇年代、著名なヒンドゥー教の聖者スワミ・ビベーカーナンダが短期間滞在し、のちにその生涯の功績を展示する記念館（ビベーカーナンダ・イラム）となっている。ビベーカーナンダはヒンドゥー教をアメリカで広めた最初の人物の一人であり、放浪する大使のようなものとして情熱的な演説で群集を喜ばせた。そのもっとも有名な講演は、一八九三年のシカゴ万国博覧会中に開催された初の万国宗教会議におけるもので、ちょっとしたセンセーションを巻き起こした。別の場所では、博覧会は人工冷却を披露していた。それも同じくらいにセンセーショナルだったが、あとで見るように、それは不純な理由からだった。

人工氷はインドの市場では見込みのあるビジネスだった。そこでは氷は常に、その出所がどこであれ、買う余裕のある裕福な植民者向けの贅沢品だった。さらに、アメリカ南部では、もっとも利益の大きな市場であるニューオーリンズとチャールストンが、南北戦争のあいだ北部の氷の供給を絶たれており、人工氷は——特に天然氷がめったに届かない内陸部で——増加していた。

対照的に、フィラデルフィアやニューヨークでは、天然氷は常に人工のものより低価格で提供できた。

社会の最貧層にその市場は残っていた。彼らはリスクをいとわず、夏のあいだ涼を取るために小銭を費やしていた。

しかしやがて、天然氷と病気、中でも特にチフスとの関係がきわめて大きいことが判明した。一八八〇年代には水に混じった人間の糞便がチフスと関係づけられていたが、原理はまだ大まかにしかわからなかった。天然氷の終わりを告げたのは、よりによって病院で起きたチフスの集団発生だった。一九〇二年、ニューヨーク、オグデンズバーグにある精神科病院の職員が、近隣のセント・ローレンス川で次の夏に使うために収穫された氷を口にした。その結果チフスが流行し、数人の患者と職員が死亡した。その後の調査で、川の氷が切り出された区間には、当の病院の下水が流れ込んでいたことが明らかになった。

製氷会社はすでに危険性を説明していた。一八九九年の販売促進資料はこう言っている。「天然氷には常に、ある程度の不純物、ガス、固体が、どこから入り込んだにせよ含まれています」。あとで出た警告はもっとあからさまだった。「氷屋の言うことを一切真に受けてはいけません」。

氷屋は一般に信用できない人間たちだった。ユージン・オニールの戯曲『氷屋来たる』のタイトルは、下品なジョークをほのめかすだけでない。劇の登場人物たちが直面せざるを得ない空しい夢の空約束のメタファーでもあるのだ。

氷配達人は今でこそ過去のものだが、当時は大衆の想像の中で牛乳配達人（それもまた消えつつある職業だが）に似た地位を占めていた。一九六〇年代から七〇年代には、牛乳配達人が夫の出勤後に妻と浮気をするというジョークがよく語られた。一九世紀末の氷配達人にも同じ機会があり、夫たちは二重に疑いの目で見ていた。彼らが大柄で筋骨隆々のタフガイだったからだ。そうでなければ重い氷を人力で動かし、担いで階段を上り下りし、そのあいだずっと、肌を大変な冷たさから守るために分厚いウールの服を着てなどいられない（石炭配達人も体格がよかったが、石炭の粉まみれで猥談のネタにはしにくかったようだ）。一九三七年から一九四九年までヘビー級チャンピオンだったジョー・ルイスは、一流ボクサーになる前、デトロイトで氷を配達して筋肉をつけた。

氷配達人は雇い主にとっても悩みの種だった。彼らは労働の対価として高額の賃金を要求することがあり、儲けの上前をはねるのも簡単だった。ごまかした品は解けてしまったのかもしれないからだ。氷会社にとって、配達人のコストは氷そのものの仕入れより高くついた。

氷配達人としての仕事は、多くの疑念がつきまとうきわめて不安定なものだったが、同時に季節労働でもあった。一九三二年のマルクス兄弟の映画『御冗談でショ』では、チコとハーポが氷配達人の役を演じている。しかし二人は収入を補うために、氷配達人が軽んじられていることを踏まえて、チコは密売人になり、ハーポは街の野犬捕獲人をしている。

そもそも冬には売る天然氷がない——もっとも需要はまだあったが。一八三〇年代から、アメリカの家庭は乳製品やその他の食品をアイスボックスで新鮮に保つのに慣れた。その大きな利点は、食品をより長い期間食べても安全なように保ち、なお風味が新鮮なままであることだ。

当時アイスボックスはよく冷蔵庫《リフリジェレーター》と呼ばれていたが、われわれにはそうは思えないだろう。発想はごく単純だった。氷の塊を装置の上部にある容器に入れる。それは徐々に解け、水が底の受け皿にしたたり落ちる。しかし、氷は下の大きな空間を冷やす——扉が閉まっているかぎりは。今日の冷蔵庫とのもっとも顕著な機能の差は、アイスボックスでは決してものを凍らせることができないということだ。

アイスボックスはあまり役に立たないことが多かった。重視されたのは外見だった。アイスボックスは一般に、一九世紀の狭い台所に据えるには大きすぎ、したがって居間や食堂の調度品だった。中には箱が床に沈み込み、必要なときにおもりと滑車を使ってせり上がってくる設計のものもあった。アイスボックスの断熱はたいてい効果がなく、夏場は氷が長持ちしなかった——だからたびたびこの質問が出た。「氷屋さんはもう来た?」。いろいろな答えが考えられそうだが、その答えが単に「まだ」であれば、それは家庭のバター、牛乳、魚、肉がたぶんみんな傷みつつあるということだ。

製氷会社は料金が高かったが、配達が確実だった——そして年中配達してくれた。さらに人工的に作られた氷はきれいに透き通って、天然物より天然らしく見えた。凍らせる前に水を沸騰させ、殺菌と同時に空気を取り除く。アイスボックスの持ち主にとって、人工氷は天然氷より清潔で信頼できた（皮肉なことに、マーケティング担当者は、アイスボックスを冷蔵庫に取り替えたいと大衆に思わせるために、まったく同じことを言うことになる）。

しかし人工冷却装置にはまだ一つ問題があった。爆発しやすいのだ。

この問題が解決するまで、冷蔵は氷の形で家庭に届けられるサービスであり続けた。効果の薄いアイスボックスのために、出所のわからない保証もない氷を持って、氷屋は来つづけなければならなかった。われわれは本当は冷蔵庫を——あるいは当時おそらく知られていたかもしれない「自動供給される氷戸棚」を——必要としていた。最終的にどうやってそこにたどり着いたか知るために、話をもう一度一八〇五年まで巻き戻してみよう。われわれはやはりアメリカにいる、と言ってもトーマス・ムーアのメリーランドでもフレデリック・テューダーのマサチューセッツでもなく、多作な発明家オリバー・エバンズの住むフィラデルフィアに。

一八〇五年にはすでに、オリバー・エバンズは数々の設計で賞賛を受けた、高く評価されるエンジニアだった。エバンズは、自動製粉機によってほとんど独りでアメリカ東部の小麦粉生産を工業化していた。独立戦争前のアメリカ植民地は、まともな小麦粉を製造するのに苦心していた。そこで育つ硬い穀物は、旧来の製粉法で加工するのが難しく、挽いてふるいにかけるのに多くの人手を必要とした。製粉所の労働者も問題の一つで、しょっちゅう粉を土で汚染したり工程を取り違えたりした。その結果、ヨーロッパから入ってくるものとは比較にならない、粗い砂混じりの粉ができることが多かった。デラウェア出身の若い車大工のエバンズは、水車の動力によってそれをすべて自動的に行う独創的な機械を考案した。長年にわたり製粉業者から抵抗があった（その中の一人はこの機械を「がらくた一式」と呼んだ）が、エバンズの設計の価値はやがて独立後の連邦政府に認められた。一七九〇年代後半には、エバンズの製粉機は東海岸一帯で製造され、若い国家の食糧供給に一役買った。

エバンズは、当時合衆国政府があったフィラデルフィアに移り、水力に代わるものとして蒸気機関に関心を向けた。この技術に手を出して、リチャード・トレビシック、ジェームズ・ワットをはじめヨーロッパや北米の技術者がもたらした多くの進歩を模倣したのは、エバンズ一人ではなかった。この分野へのエバンズ独自の貢献は、オルクトル・アンフィボロス――もう少しわかりやすく言えば「水陸両用浚渫《しゅんせつ》機」だ。

蒸気機関で低温に

発想は港湾の改善に使う蒸気動力の浚渫機だ。この異様な船に実際のところ何が起きたのか、ほとんど記述はない。その長さは約一〇メートル、重さは一七トンあった。本体は、浚渫装置を備え船尾の外輪で推進する平底船だった。しかしこれは水陸両用であり、船体には四個の車輪が取りつけられ、それはやはり船首に積んだ蒸気エンジンに接続されていた。この船が水辺までたどり着けたかは定かでないが、重すぎて少なくとも一度車輪が潰れたことははっきりしている。それでも、オルクトル・アンフィボロスは、北米の道路を走った最初の自走車両とされている――その距離がいかに短くても。もしこれが実際にスクールキル川にたどり着いた（本当にそうだったかどうか誰にもわからないが）とすれば、それはアメリカで二番目の蒸気船でもあった。

蒸気機関の実験で、エバンズは気体の加熱、圧縮、膨張の専門家となった。それでもその専門知識は時代という背景の中でのものにすぎなかった。当時はカルノー、マイヤー、ジュール以前の時代であり、蒸気機関の作用は神秘のようなものだった。エバンズのような者たちは自然の力を理解しようとするより利用しようとしていた。一八〇五年、エバンズは、それまでに得た知識を*Steam Engineer's Guide*（蒸気機関技術者の手引き）で発表した。出版されたものはどちらかと言えばまだ不完全なものだったが、それでも好評を博した。この本は高圧機関技術の一般向けの入門書としてよくできていたが、書かれている理論と原理は的はずれで、将来の蒸気技術者の役にはこれと言って立たないものだった。

さらに興味深いことに、この本の巻末でエバンズは、蒸気機関の動力で低温を作ることを検討している。ウィリアム・カレンが発案した蒸発冷却実験を知っていたのだろう。アメリカの科学者の原型たるベンジャミン・フランクリンの手で繰り返された直後だったのでなおさらだ。カレンは真空ポンプで液体をたちまちのうちに蒸発させ、その過程で低温を作り出した。蒸気機関のメカニズムによって、これを連続的工程にできるかもしれないとエバンズは記述している。蒸発した気体は蒸気力ピストンで圧縮して液体に戻され、繰り返し蒸発させる。エバンズは、エーテルがこの目的に向いていると示唆したが、自分が提案した装置を作ってみようとはしなかった。それでも彼は、一言で言えば、蒸気圧縮サイクルについて述べたのだ。それはまさしく、それ以来冷蔵庫に使われている機構だった。

当時は誰ひとり理解していなかったが、それはこのように作動する。使われる液体は冷媒と呼ばれる。エバンズはエーテルを考えたが、信頼できる冷蔵庫の開発にかかったその後の一二五年で、他にもさまざまな物質が試された。冷媒は閉じたループに入れられている。基本的には一本のパイプが環になったものだが、冷蔵庫の中に収まるように、もっと巧妙に配置されている。しかし概略はわかるはずだ。パイプは四つの主要構成要素、コンプレッサー、膨張弁、二個の熱交換器（これは基本的にパイプがたくさん集まったものだ）をつないでいる。

蒸気圧縮サイクルは、読んで字のごとくサイクルなので始まりも終わりもないが、まずコンプレッサーから始めることにしよう。冷媒は気体の形でコンプレッサーに入り、そこで圧縮されて体積が小さくなる。ピストンの動きは気体の粒子に伝わり、動きをより速くし、それにより気体の温度が上がる。高温の気体はコンプレッサーから出て一つ目の熱交換器に入る。これはたいてい復水器と呼ばれている。この部分の目的は高温の気体の熱を周囲に逃がし、システムから永久に切り離すことだ。この目的のために、熱交換器は外界との接触が最大になるように設計されており、それが冷蔵庫の裏側の大半を覆っている長く曲がりくねった細いパイプのコイルだ。危険を冒してまで冷蔵庫を引きずり出して裏を見なくても、後ろを手で探ってみるだけでいい——温かいことがわかる。モーターが一生懸命動いて熱くなっているからではない。それは熱を発散する装置なのだ。現代の冷蔵庫はたぶん、底面に小さなファンがあって、外側のコイルに風を送り、冷却効果を高めている。

高温の気体が熱交換器の終わりに来るころには、熱を放出して凝結し、低温の液体になっている。温度は下がるが、圧力は下がらない。コンプレッサーは事実上冷媒を装置の中で回すポンプなので、液体の冷媒は次の段階、膨張弁へと進み続ける。

膨張弁は比較的単純だ。小さなノズルで、中を通って高圧の液体が噴出する。苦労の末に発見された例の気体の法則を思い出してみよう。気体の体積が増えると圧力の低下が生じる。しかし気体は「理想的」には振る舞わないので、その粒子は互いに懸命に離れようとしなければならず、そのため速度が遅くなり、気体の温度は低下する。これがいわゆるジュール＝トムソン効果であり、その著名な二人組の手で一八五二年に発見されたものだ。

同じことが膨張弁で、ただしもっと効率的に起きている。液体は膨張し、弁の反対側にある空間に気化する。歴史的人物をもう一人呼び起こそう。ジョゼフ・ブラックの潜熱がここではたらいている。状態が液体から気体に変わるには、基本的な温度変化に加えて余分な熱エネルギーの注入が要求される。つまり冷媒が効率よくはたらくには、高い潜熱があること、蒸発の時に奪う熱の量を最大にすることが必要なのだ。

こうして液体の冷媒は非常に冷たい気体となり、二つ目の熱交換器、冷凍コイルとも呼ばれているものへ進む。これは冷蔵庫の外からは見えない。冷蔵室のバックパネルの裏側に隠れているのだ。この冷蔵室は、熱エネルギーがコイル（ヒートシンク）の中の低温気体へと移動するため、熱源として機能する。熱源とシンクは、気体が温まり冷蔵室が冷えると、一種の熱平衡に達する。新たな冷たい気体が絶えずコイルに入ってきて、冷蔵室は常に熱を手放しているので、この効果はさらに高まる。現代の冷蔵庫には、冷蔵室の上部に第二のファンがあり、熱交換器の冷たいパイプの上を通して空気を下へ送り、底に戻す。これは扉が閉まっているときだけ行われ、外から入った湿った空気を追い出す役割も果たす。

五〇歳以上の読者は旧式の冷蔵庫をよく知っていることだろう。ファンが取りつけられる以前に作られた、空気中の水分が次第に冷蔵室の内側と内部のコイルに溜まって、霜取りが必要になるものだ。現代の霜が付かない冷蔵庫には、コイルに小さなヒーターが接続されている。これが二、三時間ごとに作動して付いた氷を溶かす。それは冷却プロセスを短時間妨げるかもしれないが、長い目で見れば全体として効率は向上する。

こうして冷媒は冷凍コイルを離れ、コンプレッサーに戻る。そこからまた循環が始まる。

このような装置は製氷機として使うこともできるし、空間の温度を下げて、今日冷蔵庫としてわれわれが理解するものにもできる。氷の市場はすでに確立されていたので、前者に応用するほうが冷却の先駆者にとっては理にかなっていたが、どちらもメカニズムは同じなのだ。

一八三五年八月、以下の特許がロンドンで認定された。

> 前記の条件に従い、私ことジェイコブ・パーキンズは、以下の通り宣言することをここに周知する。自分の発明の性質、および当該のものが実現される方法は、それについての下記の論述、これに添付した図面、すなわちそこに示した図と文字の参照により、またその中において完全に記述さ

れ確かめられている。揮発性の液体を、他の液体が入っている容器の表面から蒸発させると、後者のカロリックが減少し、その中に浸した温度計が示す温度が低下することはよく知られている。しかし、そうすることで当該の蒸発する揮発性の液体も失われ、したがってこの過程を応用して液体に相当な冷却効果を生み出そうとすれば、その過程が大規模に必要となり、多大な費用が必要とされ、したがってこの冷却手段には実用的価値が発生しない。

私の発明の目的は、揮発性の液体（熱すなわち温度が下がりかけている液体に含まれるカロリックによって蒸発させられた）を利用して、当該の液体が凝結して容器に戻り、再び蒸発してさらにカロリックを奪うようにさせることにある。

科学技術における活動分野は、しばしば「父」と呼ばれる、その確立に功績があったとされる非凡な人物によってもたらされる。ウィリアム・カレンは冷却の曽祖父、オリバー・エバンズは祖父と言っていいだろう。そうするとジェイコブ・パーキンズは父ということになるが、ただしそれはあまり良い父親ではなかった。

パーキンズは一八三四年にロンドンで製氷機を作った。この発想はエバンズ（一五年前に死去していた）から直接得たものだった。二人は共にフィラデルフィアで蒸気機関の研究をしており、それについて話し合っていたことは疑いもない。パーキンズは印刷職人で、その道では優秀だった。一八一九年にパーキンズは、偽造が不可能な紙幣をデザインする契約を獲得するつもりでロンドンへ赴いた——偽の英国通貨は世界的に問題となっていたのだ。パーキンズのデザインは絶妙に複雑だったが、アメリカの出身であることで、大英帝国の安全保障のためにきわめて重要な仕事からは締め出されていた。

この障壁をくぐりぬけるために、パーキンズは二人の英国人と共同事業を立ち上げた。この事業は大成功で、パーキンズは何カ国もの紙幣や郵便切手を手がけた。

パーキンズは蒸気機関にも関心を持っており、高圧蒸気力を使って一分間に一〇〇〇発撃てる蒸気銃を設計した。これは一説にはウェリントン公爵により「破壊的すぎる」として却下されたという。

製氷機はその反対だった。効率が悪すぎてわずかな氷しか作れなかったのだ――いずれにせよイングランドでは当時誰も欲しがらなかったが。

ビジネスがうまくいっていたにもかかわらず、パーキンズは業績のいい実業家とは言えず、製氷機をさらに発展させる金がなかった。この仕事は何人かの冷蔵の「おじ」たちに引き継がれた。イェール大学教授のアレクサンダー・トワイニングはコンプレッサーを改良し、一八五〇年代にクリーブランドに氷工場を設立した。この工場は一日に半トンの氷を生産したが、クリーブランドでも誰もそれを欲しがらなかった――天然氷のほうがずっと安かったのだ。

フロリダの医師ジョン・ゴリーは、蒸し暑いアパラチコラにある勤務先の病院で、熱のある患者を涼しく保つ方法を研究していて、もう一つの氷を作る技術を偶然発見していた。ゴリーは水を冷やすための加圧装置を作った。この冷水を使って部屋の空気を冷やすつもりだったのだが、これが効きすぎて水が凍ってしまった。ゴリーは医師を辞め、アメリカで初めて冷蔵の特許を取得して氷ビジネスを始めた。そしてニューオーリンズとシンシナティに製氷機を設置したが、破産した。

問題は、巨大で気まぐれな機械で作られる人工氷が、北部から運ばれる湖の氷に比べて高価すぎることだ。しかし、ボストンの氷王でも支配できない場所が一つあった。オーストラリアだ。

天然氷と雪は、オーストラリア本土ではまれだった。タスマニア島だけが曲がりなりにも決まった時期に氷が張る寒さになったが、スカンジナビアやニューイングランドの分厚い氷とは比べものにならなかった。ボストンからインドへの平均的な航海で、船倉にある氷の三分の一が解けた。積荷はさらに先のオーストラリアまで行くことは行ったが、人口の大部分は大陸の南東の端に住んでいるので、ボストンの氷を積んだ船が着くころには、積荷は大半が消えていた。

冷媒をめぐる試行錯誤

一八五〇年代、オーストラリアに移住したスコットランドのジャーナリスト、ジェームズ・ハリソンは、メルボルンの西にある海辺の町、ジーロングで新聞を発行していた。われわれの家系図上では、この人物は冷蔵の養父と言えるだろう。ハリソンは問題に挑戦し、冷蔵を発展させたのだ。エーテルは当時、新聞社の商売道具の一つだった。新聞を販売店に送るたびに、印刷版についたインクを拭き取るためだ。ハリソンの冷蔵（その需要は明らかにあった）への興味は、エーテルが蒸発すると金属の活字が氷のように冷たくなる現象がきっかけになったと言われる。

ハリソンはパーキンズ、トワイニング、ゴリーのエーテル圧縮機構を引き継ぎ、それを機能するようにした——そのもっとも優れた機械はイングランドで製造され、ユニット状態でオーストラリアに送られ、組み立てられた。ハリソンがもたらした最大の躍進は、五メートルという巨大なフライホイールで駆動するコンプレッサーだった。これによりエーテルが膨張したとき、大きな温度低下を生み出すことができる強力なものになったのだ。

一八五一年に製作されたハリソンの最初の機械は製氷機だった。しかし次の機械は世界初の実用的冷蔵庫だった。オーストラリア人の偉業にふさわしく、この歴史的な冷蔵庫はビールを冷やすのに使われた。

ハリソンのもののようなエーテル冷蔵庫は巨大で、二階建ての家の屋内に設置するのが一苦労だった。ハリソンは冷蔵庫を貨物船に合わせることで、設計に成功した。船に設置された冷蔵庫は、オーストラリア産の肉やその他の農産物を海外市場に運ぶ長い航海のあいだ、新鮮に保った。しかし、小型の冷蔵庫には別の冷媒が必要だろう。

アンモニアが第一候補に挙がった。アンモニアにはエーテルほどの揮発性はないが、はるかに大きな潜熱を持っている。同じ温度低下を作り出すのに、エーテルを使うコンプレッサーはアンモニアを使うものより、ざっと一七倍の大きさを必要とする。

ハリソンとトワイニングは共にアンモニアを冷媒として使う特許を持っていたが、いずれも実行に移してはいなかった。アンモニアを使う最初の冷蔵庫は、一八五九年にフランスのフェルディナン・カレが発明した。その設計は基本的な圧縮モデルにフランス式の変更を加えたものだった（弟のエドモンは一八五〇年に本当の発明をしたが、それは硫酸を使うもので、アンモニアよりさらに扱いが厄介だった）。カレの装置に使われた冷媒は、実際はアンモニア水、つまりアンモニアの水溶液だった。ボイラーがアンモニア水を徐々に熱して、揮発性のアンモニアをより多く蒸発させる。この温まった気体が通るパイプは冷水のタンクに導かれ、液体のアンモニアに凝集する。液体は次に膨張バルブで気化させられ、そうしてできた低温の気体が冷凍コイルに流れ込み、水なり何なりを冷やす。最後に低温ガスはボイラーに戻り、即座にまた水に溶ける。こうした装置を吸収式冷凍機と呼ぶ。これにはアンモニアを圧縮装置の中で使うよりも優れている点が一つある。水によってアンモニアがきわめて爆発しにくくなるのだ。この吸収式冷凍機は一八七〇年代になっても唯一の実用的なシステムだった。カレは一八七六年に冷凍船パラグアイ号を建造した。この船は南アメリカの牛肉をヨーロッパまでの航海のあいだカチカチに凍ったまま保つことができた。

エーテルもアンモニアも可燃性だったので、代わりになる冷媒の探究は続いた。熱力学はまだ初期の段階にあり、開発者はそれらしい物質に山を張ってみるしかなかった。当然、進歩は遅かった。

一八七四年、スイスの物理学教授ラウール・ピクテは二酸化硫黄を使った圧縮冷凍機を製作した。この気体は燃えないが、長所はほぼそれだけだ。潜熱は低く、そのため大きな機械をフル回転させる必要があった。また臭いもひどかった。ほんのひと嗅ぎでカビくさく、大量に吸い込めば喉が詰まって息ができなくなる。臭いのはおそらく幸いなことだ。この警報がなければ、冷蔵庫から二酸化硫黄が漏れたとき命取りになる――この気体はかなり有毒でもあるのだ。

代わりの冷媒としてもう一つ試されたのが二酸化炭素だ。この気体は安価で、不燃性で、大量に吸い込まないかぎり死ぬことはない。さらには火事を消しさえする。しかし、化学的な親戚である二酸化硫黄を使ったときのように、二酸化炭素を使う機械は強大な圧力のもとで作動するため、ひんぱんに漏れが発生する。

一人のドイツ人がこれをすべて解決した。一八七三年、ミュンヘン工業大学で熱力学を専門にする員外教授、カール・リンデは、信頼性と効率の高い圧縮冷凍システムを開発した。それは普通の部屋に――おそらくいつかは家庭の中に――収まるほど小さく作ることも可能にするものだった。当初リンデが使った冷媒はジメチルエーテルだったが、ヨーロッパ中の大手醸造所から製氷機の注文を受けるようになると、アンモニアに切り替えた。リンデはリンデ製氷機会社を設立した。同社は、主にヨーロッパとアメリカのメーカーに技術のライセンスを与えたことで、業界最大手となった。

リンデにとって大実業家であることは本意ではなく、科学のほうにより大きな関心を持っていた。リンデは超低温と、それが物体に及ぼす影響を研究する新たなシステムを開発した。会社は他の者たちに冷蔵庫市場の開発を任せて、その代わりリンデの技術を利用して、世界で必要とされる冷媒や、その他高純度空気のような多彩な工業用化学薬品を供給した。これは、冷蔵が台所の中だけでなく外でも私たちの生活に大きく影響していることの、数ある例の一つだ。

リンデの設計と冷媒の供給により、冷蔵が世界を席巻する下地はできた。家庭用冷蔵庫が一般家庭にとって現実的な選択となるには、それからさらに四〇年かかった。しかし、この技術は、利益ばかりで何もリスクはないと見た食品産業と氷会社から歓迎された。それでも消費者は、機械で氷を作るという発想に慎重だった。それはどのような仕組みなのか（説明できる者はほとんどいなかった）、そして安全なのか？

一八九三年、シカゴ万国博覧会が、新しいアンモニア圧縮製氷機の優位をアメリカに示すのにもってこいの場所として選ばれた。だがこれは計画通りに進まなかった。

シカゴ万国博覧会でまた火災が発生したと聞いたとき、シカゴ消防署消防司令ジェームズ・フィッツパトリックには、どこで起きたかもうわかっていたことだろう。製氷工場ではすでに二度火事が起きていた。工場は実は、全世界の最新技術を披露する万博パビリオンの一部ではなかった。しかし、成長著しい冷凍産業の強い要請により、冷凍技術の展示が客のために氷を作る工場の中に設置されていた。

消防士が到着したとき、工場は間違いなく注目の的だった。またしても煙突が、というより煙突を囲む木製の塔（今しか見られない博覧会の美観をひどく損ねていると考えられていた）が火に包まれていた。塔は、金属の格子を内側の煙突に被せ、中の石炭炉から噴き上がる火の粉や燃えかすを抑えるような設計を必要とした。しかし格子は取りつけられていなかった――そしてそれはまた燃えた。

フィッツパトリックと部下は梯子で、炎が見えているところから数メートル下のバルコニーに登った。燃えているのは、過去二回と同じように煙突だけで、よく狙って水をかけてやれば消えると消防士たちは考えた。しかし、今回は炎が建物内部にも広がっていた。消防士がバルコニーに上がった直後、建物が爆発した。消防士は炎に捕らわれた。多くは飛び降り、また安全な場所へよじ登ろうとする者もいた。ほとんどは転落するか炎に焼かれ、あるいは焼かれて落ちた。消防司令を含め全部で一七名が死亡し、さらに一九名が重傷を負った。

爆発の原因ははっきりとはわからないが、高圧のアンモニアが内部で空気と混じり合って臨界濃度に達したと思われる――そして爆発。この火災で冷蔵庫の評判は大きく傷ついたが、それも無理もないことだった。爆発は少々異常な事態だったが、冷凍工場はパイプの漏れによる火災に悩まされ続けた。電気冷蔵庫が一九一〇年代に登場しても、多くの人はまだ氷を使い続けようとした。氷だったら勝手がわかっていたからだ。

人工製氷業への救いは、少なくともアメリカでは、天然氷産業にも火災問題があることだった。一八九〇年代には、メイン州のチャールズ・モースが新たな氷王の座に就き、そのケネベック川の氷が市場を支配していた。モースはその地位を利用してメイン州からニューヨーク州に至る氷会社をほぼすべて買収した。一九〇〇年には、そのアメリカン・アイス社は六〇〇〇万ドルの事実上の独占企業だった。この評価額は、モースが氷の価格を一夜にして二倍にできる力を基にしたものであり、実際よくそうしていた。

モースは大衆の味方などではなく、それどころかニューヨークのエリートに接近していると評判だった。わずかに残ったアメリカン・アイス社のライバルはまもなく、貯氷庫が破壊されたり危険だとして市に没収されたりという目に遭った。ある調査では、市長と多くの役人、ニューヨークの裁判官の数名が、アメリカン・アイス社の株を大量に保有していることが明らかになった。彼らは同社の手の内にあったのだ。モースはワシントンに召喚され、釈明を求められた。モースは招待を断り、数百万ドルを隠匿して社を辞した。第二にして最後の氷王は、やがて監獄行きとなった。最初の王と同じように。

アメリカン・アイス社は無傷だったが、氷の張らない暖冬と悪化の一途をたどる水質により、利益は圧迫された。終わりの始まりは一九一〇年にケネベック川で起きた。アイスボロ（氷産業を基礎に作られた町）を通過する汽車が吐き出した火の粉で、川岸にあるアメリカン・アイス社所有の貯氷庫が出火したのだ。水が凍ったもので一杯だったにもかかわらず、太陽光線を反射するために水漆喰で白く塗られた巨大な貯氷庫は、断熱のためおがくずが中に使われていて、非常に燃えやすかった。最初の火は風でアイスボロの多くの貯氷庫に燃え広がった。約四万トンの氷と、浅瀬に乗り上げた二隻の船が失われた。天然氷産業が復活することはなかった。

いずれにしても、製氷プールから完璧な氷の完璧な板が切り出されるようになって、人工氷はすでに広まりつつあった。一八八〇年代に安価なアンモニア冷媒が売り出されると、この種の工場のブームが起きた。多くは一九七〇年代、あるいはそれ以降まで存続した。工場が低温を作り出す方法は、普通の冷凍庫と同じだ。ただし冷凍コイルは深い水槽の中をうねっている。この水槽は深さ一メートル強、大きさはオリンピックサイズ・プールの約四分の一だ。大きく違うのは、塩水が満たされていることだ。この塩水は非常に濃度が高く、冷凍装置で温度をマイナス一〇℃ほどに下げても凍らない。真水がずらりと並べた鋼鉄製の型に流し込まれ、慎重に塩水に浸される。それから低温を保つために水槽全体に覆いをかける。二、三日かけてすべての型が凍ると引き揚げられ――滑車で巻き上げるために長い列に並べられて――温められた真水を満たした小さな水槽に移動する。そこにしばらく浸すと氷のブロックは金型からはずれ、緩やかに傾斜した木の床に下ろされる。ブロックは人力で倉庫に運ばれ、アイスボックスに入る大きさのブロックに切り分けられる。そこからは配達人の仕事だ。

北米では、一九二〇年代になってもアイスボックスが家庭用冷蔵庫の主流であり続けた。英国の旅行作家ウィニフレッド・ジェームズは、こう述べている。「アイスボックスを持たないアメリカ人を知っている人がいるだろうか？　それはこの国の象徴だ。屋根にはためく星条旗と同じくらい疑問の余地なく彼の国籍を明らかにするものであり、ついでにバターを冷やしておくにはもっと役に立つものだ」。アメリカ人以外にとっては、アイスボックスは相変わらず珍奇なおもちゃのようなものだった。古い食品保存技術がまだ使われており、涼しい屋外の食料貯蔵庫や地下室の蠅帳が、一九五〇年代の好景気まで一般的であり続けた。英国人は特に消極的だった。一九六五年に英国の世帯で冷蔵庫を持っているのはわずか三分の一で、フランス人よりもさらに少なかった。

家庭用冷蔵庫の販売開始

家庭用冷蔵庫の発明は、フランスの修道士アベ・マルセル・オーディフレンの功績だ。オーディフレンはワインを冷やしておける機械をいじっており、早くも一九〇三年には二酸化硫黄を使った実用模型を作っていたという記録がある。しかし、その電気冷蔵庫（明らかに修道院ではなく家庭で使用するために設計されていた）の権利は一九一一年にゼネラル・エレクトリック社が獲得した。それは一〇〇〇ドルで売り出された。自動車の価格の二倍であり、車と同じく、数少ない富裕層にしか手の届かないものだった。

家庭用冷蔵庫を売りに出している会社はゼネラル・エレクトリックだけではなかった。一九一六年にケルビネーターの機械が早々にリードを奪った。設置するために顧客は台所の床に穴をあけ、配管を冷蔵庫本体と地下室に設置した別体の復水器のあいだにつなぐ必要があったのにだ。一九一九年にケルビネーターのあとに続いたのがフリッジデールだ。これらの企業は共に、自動車メーカーから資金を受けていた。ビュイックはケルビネーターの背後にあり、ゼネラル《G》・モーターズ《M》はフリッジデールに出資していた。フリッジデールの技術は一九五〇年代にＧＭの車のエアコンに利用された。

初期の冷蔵庫で特に象徴的なものの一つが、ＧＥモニター・トップで、円筒形のコンプレッサーと復水器がてっぺんから飛び出した形をしているものだった。この丈夫な冷蔵庫は南北戦争時の装甲戦艦にちなんで名付けられたが、デザインもなんだか台所に置かれた箱型の顔がないロボットのようだ。モニター・トップの重さは、冷蔵庫が安全であることを大衆に納得させるのに大いに貢献した。宣伝文句にあるように、モニター・トップは信頼できるので「鋼鉄で封じ込めてある」。裏を読めばこう言っているのだ。「これは完全に安全です——金属の盾に囲まれているのですから」

製造技術の進歩により、実際に冷蔵庫は以前よりはるかに安全になった。前世紀の工業用の怪物のように漏れたりはせず、それはつまり悪臭や火災がないということだ。電気モーターは強力で、三リットルほどの冷媒を内部に循環させることができた。それが駆動するコンプレッサーは、耐用年数のあいだに数十億回転した。モーター駆動は経済的でもあった。苦境に立たされていたとあるオハイオの氷会社に言わせると、家庭用冷蔵庫を動かすと、電気掃除機二九台分の電力を消費するとのことだったが。これは少々ごまかしがあった。冷蔵庫のほうがはるかに効率はいいが、ほぼ常時作動している。一方掃除機はほぼ常時電源が切れている（そしてもちろん、当時電気器具を一般消費者に売る理由の一つが、電気の消費者にもなってほしかったからだ）。

モーターとコンプレッサーは唯一の可動部であり、静音化しなければならなかった。これは当時も今も、ユニット全体を油に漬かったばねの上に載せることで実現された。それは、何もなければ機械の中に響きわたる振動と打音を吸収する。

モニター・トップは今日では骨董品だが、まだ動くものも多い。見ると、それが最先端技術だった時代からあまり変わったものがないことがわかって、少し驚く。コンプレッサーは内部に収容され、復水コイルは今では背面にある。年輩の読者は、冷蔵庫の最上部に製氷室があって、それが小型の冷凍室の役割をしていたのを覚えているかもしれない。これ全体がアルミのシートからプレスされた冷凍コイルに囲まれていた。この部分が冷たくなり、冷えた空気が一番下のトレー――野菜や果物を入れる一番温度が高いところ――へと降りていく。現代の冷蔵庫では、この部分は一般にパネルの裏に隠れていて、ほとんどは下部の冷凍庫に接触している。アメリカ式のモデルはダブルドアを備え、それぞれの側で別個の装置を持つ。冷蔵庫市場に遅れて参入したヨーロッパの冷蔵庫は、常にかなり小さめで、容量がアメリカのものの半分ほどだ。

初期の冷蔵庫では、冷凍コイルにつながった膨張バルブは文字通り、ガス容器のてっぺんについているようなねじ込みバルブだった。これは凍結しやすいので、毛細管のコイルに置き換えられた。これは同じ機能を果たしながら、復水器からの熱を使って凍結を防ぐことが簡単にできる。

圧縮機構は常時動いていてはならない。冷蔵庫の中のものがみんな凍ってしまうからだ。そこでサーモスタットが望みの温度を保つために使われる。これがコンプレッサーに、いつ止まりいつ動き出すかを命令する。現代の冷蔵庫はマイクロプロセッサー、つまり簡単なコンピューターで制御される。マイクロプロセッサーは冷蔵室の温度の情報をサーミスター（温度に応じて抵抗――電気の通しやすさ――が変化する電子部品）から受け取る。基本的にそれは、冷蔵庫の頭脳に組み込まれた電子温度計だ。

最近まで、冷蔵庫のサーモスタットは温度計とあまり違わない設計だった。薄く柔軟なチューブに揮発性の液体を満たしたものが内部に取りつけられていたのだ。液体は温まると膨張し、冷えると収縮する。冷蔵室の温度が上がりすぎると、液体はゴムの隔壁に向けて膨張し、隔壁はコンプレッサーを動かすスイッチを押す。コンプレッサーは設定された時間作動し、停止する――そしてサーモスタットの隔壁が再び膨張するまで止まっている。

もちろんサーモスタットは、暖かい外気が入ることがあれば、いつでも冷蔵庫のスイッチを入れる。冷蔵庫の本体は、たいてい屋根の断熱材に似た綿状のグラスファイバーの層で、厳重に断熱されている。弱点はドアだ。初期の冷蔵庫は重厚な造りになっていた。重いドアがしっかり閉まってゴムパッキンを押しつぶし、空気が漏れないようにするためだ。その強さを示すために、フリッジデールは体重四トンの象を連れてきて、自社の冷蔵庫の上に立たせた。それでもドアは開けられた。

現代の冷蔵庫は象の曲芸には使えないが、同じようにしっかり密閉できる。無害なゴムの鉄条網には強力な磁石の帯が仕込まれており、ドアを閉めるとそれが能動的に周囲の金属を引き寄せて、パッキンをぎゅっと押しつける。

それ以外はあまり変わってはいない。当時も今も、冷蔵庫の革新を促す原動力は、主に市場競争だ。冷蔵庫の設計が改善されたように、もっと機能的になったように、まったく新しくなったように思わせるために、目新しい機能や装置がつけ加えられた。家で角氷を作れることは、一九二〇年代のキラーアプリケーションだった。

しかし、モニター・トップの時代から一つ大きな変化があった。それはもちろん冷媒だ。一九二八年、化学者のトーマス・ミジリー――その遺産の一つに有鉛ガソリンがある――はゼネラル・モーターズの依託で危険の少ない冷媒を探した。その答えがクロロフルオロカーボン（ＣＦＣ）と呼ばれる数種類の気体、あとで付けられた商品名で言えばフロンだ。ＣＦＣは化学的に不活性である。一つひとつの分子は塩素原子とフッ素原子の突起がついた炭素原子だ。前の二つの元素はきわめて強力な結合を生み出し、化学者はこれを切断する化学反応を――少なくとも自然界で見られるであろう条件では――見つけられなかった。そのようなわけでＣＦＣは、人体や自然には無害だと考えられただけでなく、冷媒として使うのに十分な潜熱と揮発性を持っていた。当初、一ポンド（四五四グラム）のＣＦＣ冷媒を作るのに、デュポン（のちにフロンの特許所有者となる）は約五〇ドルを要した。二酸化硫黄の二〇〇〇倍の価格だ。同社はリスクを取り、これがうまくいった。一九三〇年代の終わりには、ＣＦＣは利益を出していた。一九七〇年代には、家庭電化製品の中ではフロン冷蔵庫が一般的になっていた（アンモニアはそれでも潜熱でＣＦＣに勝っており、冷凍倉庫や高層ビルの冷房のような大規模な用途の冷媒としては使われ続けていた）。

本当の問題はＣＦＣ冷蔵庫が動かなくなったときに始まった。当時、家電は単に破砕して埋めるのが普通だった――そして中のガスは抜けるに任せていた。

フロンの拡大は家庭用冷蔵庫の成功と歩調を合わせて進んだ。一九三七年には北米に二〇〇万台の冷蔵庫があり、それ以外ではまだまれだった。一九五五年にはアメリカに四〇〇万台以上があり、一九八〇年には全世界で数億台となっていた。これらは実働のものの台数だ。同じくらいの数の古いものがすでに廃棄されていた。

一九七四年、アメリカで研究していた二人の化学者、メキシコ人のマリオ・モリーナとアメリカ人の同僚シャーウッド・ローランドは、ＣＦＣが高空のオゾンと反応するかもしれないという仮説を立てた。オゾンは酸素の希少な形態だ。通常の酸素分子は原子二つからなるが、オゾン分子は三つの酸素原子からできている。実はオゾンは、吸い込むと致死的だが、ジェット旅客機の巡航高度よりはるか高空に存在し、オゾン層は、太陽から降り注ぐ有害な高エネルギー放射の紫外線をさえぎるフィルターの役割をしている。モリーナとローランドは、この高エネルギー光が、そこまで上昇したＣＦＣを変化させ、塩素を放出させてわれわれを守るオゾン層を破壊することを発見した。一一年後、英国南極研究所の調査で、オゾン層に実際に穴があいていることが確認された。これは主に南極地方の上空に人知れず存在していたが、同じような問題が北にもあった。異例の全会一致で――主に解決策が簡単だったため――世界各国はＣＦＣの禁止に合意した。これが一九八七年のモントリオール議定書として知られることになるものだ。

有害な冷蔵庫は次第に消えていった。今日のわれわれの冷蔵庫にはおそらくＰＦＣ、パーフルオロカーボンが入っている。これはオゾンにダメージを与えず、二〇一〇年の最新の計算では、ＣＦＣは大気中からほぼ完全になくなった。オゾンホールはふさがりつつあり、三〇年か四〇年で以前の状態に戻るだろう。これで万事丸く収まった、わけでもない。CFCと同様、PFCや同族の冷媒はきわめて強力な温室効果ガスなのだ。それは、よく悪者にされる二酸化炭素の一〇〇〇倍の熱エネルギーを大気中に蓄積する。そのため先進工業国は、電気製品が廃棄されるとき冷媒をすべて回収することを保証しているが、それ以外の地域ではこれまで通り大気中に放出されるままになっている。

それでは冷蔵庫の普及は私たちにとって利益より害が大きいのだろうか？　かつて人間はまさにそう考えていた。そのような考えは冷蔵庫嫌悪《フリゴリフォビア》と呼ばれていた。

第9章　冷蔵がもたらした物流革命

私は一八歳の肉体を持っている――冷蔵庫にしまってあるのだ。

スパイク・ミリガン

世界をつなぐコールドチェーン

ロブスターが列車に乗った最初の記録は一八四二年、生きたニューイングランド・ロブスターがシカゴ行きの特急に乗車したというものだ。歴史的な旅をどのように楽しんだか、記録は残っていないが、それはそのロブスターの最後の旅行だった。クリーブランドに着く前に、ロブスターは死んだ。そこで旅の同行者たちが料理して、旅行が終わるまで氷に載せておいたのだ。この同行者には果たすべき契約があった――新鮮なロブスターを羽振りのよいシカゴの顧客に提供することだ。ロブスターは数時間後、きっと美味しく食べられたに違いない。だがそれは本当に新鮮だったのか？

鉄道輸送のロブスターは、コールドチェーン、つまり傷みやすい食品を輸送するための温度管理されたネットワークで運ばれた。今日われわれは、世界的なコールドチェーンに完全に結びつけられて生きている。多くの関係者が指摘しているように、もし悪の勢力が文明社会を屈服させようと思ったら、インターネットにウイルスを感染させたり、軍事的な征服に乗り出したり、通貨制度を妨害したりする必要はない。冷蔵庫をすべて止めるだけでいいのだ。すべての都市は三食供給が途絶えたら無政府状態になるとよく言われている。コールドチェーンが切れたら、社会は崩壊する。

一八八〇年代のパリでは、逆が真であったらしい。成功をおさめ尊敬を集めている青果卸売業者のオメル・デキュジスが、商品の貯蔵に冷蔵庫を使っていると客に知れたとき、フランス人は嫌悪感を示した。デキュジスは青果商の家系の初代だった――その同族企業は以来国際的事業に発展している。デキュジスは一八五〇年代に、新しい鉄道網を利用して農産物をマルセイユから南のリヨン、さらにパリへと輸送することで商売を始めた。「冷蔵庫嫌悪《ラ・フリゴリフォビー》」がパリの経済界を襲ったとき、デキュジスはとっさに決断する必要に迫られた。激怒した顧客はあからさまな嘘を拒絶した。デキュジスの果物は「新鮮」と銘打って売られていたが、それは冷蔵倉庫の中に何日も、もしかすると何週間も――どれだけ長くかかったものではない――転がっていたものだったのだ。デキュジスの解決法は洒落ていた。ふらちな冷蔵庫《フリゴ》を通りに引きずり出して、レ・アール近くにある自分の店の前で粉々に叩き壊した。怒りが落ち着くと、パリの買い物客たちは、自分たちが買っているのは畑から取れたての野菜や果物なのだと安心して、デキュジスの店に戻ってきた。

冷蔵技術は明らかに食料生産者と卸売業者に利益をもたらした。それは自然の腐敗過程を遅らせ、余剰生産物を市場のすみずみまで送れるようにした。それはまた大量の食品が低価格で手に入るようになった消費者にも利益をもたらした。しかし、それは生産と消費のあいだに、多くの人間を不安にさせるあいまいな中間領域を生み出したのだ。

アメリカでは、食物と土地とのつながりがフランスはじめヨーロッパの国々ほどはっきりしておらず、心配されたのは食料品業者が冷蔵庫を使って食品を溜め込み、価格をつり上げて投機をすることだった。低温貯蔵は食品の質の低さを隠すとも考えられていた。冷蔵した食べ物を食べても安全なのだろうか?

誰もはっきりとは知らなかった。

一八九八年、キューバとその周辺でスペイン軍と戦うアメリカ陸軍に送られた三三七トンの牛肉に、こうした心配は端的に表れていた。シカゴで出荷された肉は冷凍貨車で陸路をニューヨークへ輸送され、新しく購入した輸送船マニトバに積み込まれて、カリブ海へと出航した。マニトバ号は船倉に肉を新鮮に保つための冷凍設備を備えていた。しかし、陸上で部隊に分配されると、何かがおかしくなっていることがすぐに明らかになった。ウォーバートン大尉という人物が直後の連邦委員会でこのように証言している。

私は輸送船マニトバが運んできた牛肉を食べました……それはひどく傷んでおり、とてもではないが飲み込めませんでした。この肉に何らかの化学的処理がほどこされていたかどうかはわかりませんでしたが、マニトバの冷凍装置が故障したことで、適切な冷凍が行なわれなくなり、牛肉が腐敗したのだと思いました。

「化学的処理」は、当時アメリカ陸軍の総司令官だったネルソン・マイルズ将軍によるもともとの告発を指している。シカゴの出荷業者は陸軍に売った肉に「エンバーミング」（訳註：遺体に防腐処理や修復を施すこと）して質の悪さをごまかしたというものだ。肉の表面は新鮮そうに見えても実は中で腐っていたのを、薬品を使って外見を維持したのではないかとマイルズ将軍は述べた。

この身の毛もよだつごまかしの証拠は、調査で見つからず、責任の所在はウォーバートン大尉の証言通りとされた。冷蔵庫が仕事をしていなかったのだ。今日のわれわれは、肉の扱いが不適切だったと考えるかもしれない。マニトバの乗組員は冷凍船倉の温度を上げてしまい、キューバとプエルトリコに到着したとき貯氷庫や、その他肉の低温貯蔵庫がなかった——テューダーの貯氷庫があれば役に立っただろうが。コールドチェーンは切れていたのだ。しかし多くの人、特に怒り心頭の将軍の目には、いわゆるアメリカ陸軍牛肉疑獄は、冷凍が食品とその調達者を信用ならないものにしていることの、さらなる証拠だった。

マイルズ将軍には憂慮する大きな理由があった。将軍は、アメリカを帝国主義国家に仲間入りさせた短期的な国際紛争、米西戦争に従事していた。カリブ海と太平洋の戦線で合計三三二人のアメリカ兵が戦死し（宣戦布告前の小競り合いでの死者は含まない）、その約一〇倍の兵士が病死していた。最大の死因は黄熱病とマラリアだったが、こうした疾患で弱った多くの兵士が、安全でない食物——冷凍や缶詰の——を食べてとどめを刺された。

このスキャンダルは、結果的に冷凍食品に対する社会の不安をかき立て、食料品業者が自分たちの製品を売るための技術を利用する上での障壁となった。こうした不安の公的な代弁者が、農務省化学局長のハーベイ・ワイリー博士、一九〇六年の食品衛生に関する法律の議会通過に尽力した人物だ。この法律は、安全な手順を守らせ、コールドチェーンが自分たちの利益になることを社会に納得させることが目的だった。しかし懸念は払拭しきれず、それを鎮めるためにワイリーは、アメリカの低温貯蔵の有効性を確かめるために実験を計画、開始した。

一九一〇年には、ワイリーは成果を上げていた。重点は食品の低温貯蔵の効果に置かれていた。ワイリーは、冷蔵した食品は食べてもまったく問題ない状態に保たれていると発表し、冷凍でものが「新鮮」に保たれるかどうかについての——少なくとも数十年来の——議論に終止符を打った。

ワイリーの主張を理解するために、少しばかり食料統計を噛みくだいてみよう。平均より暑い日（約二五℃）の、中世の市場のようなものを仮定する。コールドチェーンは存在せず、議論の便宜上、売っているすべての食品は、ほんの数分のところにある農地や漁場から運ばれてきたことにする。この上なく新鮮だ。この暑さでは、魚や肉は二、三時間しか持たない。サラダ菜は三日としないうちにしおれ、果物は一週間経たずにカビが生える。ニンジンやジャガイモは、正しく貯蔵すれば二〇日は持つかもしれないが、遠からず腐る可能性がある。このような状況で、先進諸国が享受しているバランスの取れた多様な食事は不可能に近い。

ここでコールドチェーンに助けを借りた食品を買いに戻ろう。あらゆるものは氷点より少し上に維持されている。肉は一〇日間大丈夫だ。魚は一週間、サラダ菜は二〇日間持つ。果物は数カ月、新鮮さが保たれる。根菜類は低温貯蔵でほとんど一年持つ。

冷蔵は、別の方法で保存された食品の寿命も延ばす。たとえば、氷点の少し上で保存すれば、ジャーキーは約三年は食べられる。

勘がよく好奇心旺盛な読者は、こうした数字を疑問に思い始めていることだろう。家で食品を保存するときに見慣れた数字より長いようだ。さらに、これを弁護士が読んでいたら、この数字を食品安全性の基準としては使わないようにと助言するかもしれない。これには二つ理由がある。まず、家庭用冷蔵庫はもう少し高い温度――四℃前後――で作動しているので、保存能力は少々落ちる。第二に、こうした時間は食品がコールドチェーンにある期間全体を言っているからだ。その期間の相当部分は、食品が最寄りのスーパーマーケットに運ばれるあいだに経過してしまい、家に持ち帰るころには新鮮な時期は短くなっている。

現代の料理人が、今日「新鮮」という語を詮索することはめったにない。何であれ、畑や食肉処理場を出たばかりのような見た目（と味）のものを冷蔵庫に入れると、出したときにも同じような外見をしている。三℃から四℃の普通の冷蔵は、全体に広がった細菌やカビによる腐敗の過程を遅らせる（完全に止めることはできないが）。

何らかの食品保存の制約がなくなると、ばい菌は食品を変化させ始める。要するに、自分のために消化し始めるのだ。そうすると食品は変色し、軟らかく、さらにはどろどろになる。そしてわれわれが生まれつき不快に感じる臭い（何しろ人を病気にするようなものなのだから）を発するようになる。

伝統的な保存技術――乾燥、塩漬け、酢漬けなど――はこうしたばい菌を殺す。すると食品は、冷蔵してもしなくても、より長く安全に食べられるが、この過程で食品の風味や歯ごたえは変わってしまう。多くの場合これは決して悪いことではない。鮭を燻製にしたりキュウリをピクルスにしたりすると、さらに美味になりさえする。しかし、低温保存はやり方が違う。冷蔵庫は、中の食品をスローモーションにする、台所のタイムマシンだ。食品に付いた細菌（今のところ害にならない数の）の代謝はほとんど停止し、食品が「新鮮」な時間を引き延ばすのだ。

冷凍は腐敗を完全に止める――そして細菌は氷の墓場でゆっくりと餓死する。氷点下では、保存期間は数日や数週間の単位から数カ月、数年へと延びる。しかし、食品をこのような低温にする――そしてかちかちに凍らせる――過程は、ほとんどの食品の構造的完全性を損なわせる。だからいったん解凍すると、それはやはりもう「新鮮」には見えない――ただ腐っていないというだけだ。この「新鮮冷凍」の問題をほとんど克服した人物の名――バーズアイ――はよく知られているが、それについてはあとで詳しく取りあげよう。

氷点以上でも、「新鮮」なまま市場に届けるためには、食品によって違った扱い方をする必要がある。たとえば果物は冷えすぎると傷み、最上の状態を保つためには理想的な湿度で保存する必要がある。そうしたノウハウはすべて完成に長い年月がかかり、コールドチェーンのパイオニアたちは、それがはたらくようにするために、政治、科学、経済に立ち向かった。リスクは大きかった――特に腐った食品は少なからず有害だった――が、見返りはさらに大きかった。

一八七五年七月、大海運業者のトーマス・サトクリフ・モートは、ニューサウスウェールズ王立農業協会で講演を行った。論題はオーストラリアの食肉の需要と供給についてだった。この時点でオーストラリア本土植民地には一七〇万人がいた――当時はかなり人口が希薄だったウェスタンオーストラリアとノーザンテリトリーを、モートは勘定に入れなかった。同じ四州に五六〇万頭のウシと四七八〇万頭のヒツジがいる。オーストラリア人全員に肉を割り当てると、一日に四三〇グラムとなる――クォーターパウンダー（訳註：マクドナルドの商品。四分の一ポンドのパティが使われている）ほぼ四個分で、妥当な量だと思う向きもあるかもしれないが、現代からみれば常識的と思える量を超えている。これだけ肉を食べても、オーストラリアには二七万五〇〇〇トンの余剰肉が毎年残ると、モートは計算した。どうしたらいいだろう？　モートが答えを持っていた。英国に輸送するのだ。帝国の中心地で数を増す低所得層は、ほんのわずかな質のいい新鮮な肉もめったに手に入らなかった。

『タイムズ』紙（ロンドンの）は、まさにこの問題と、解決策らしきものを報じたばかりだった。「世界には、ウシやヒツジの大群を維持するのに向いていて、他の目的には向かない場所がある。こうした場所から、人口密度の高い国々は、食料品の供給を常時受けられるかもしれない」。モートはこれを試そうとしていた。

必要なのは、数千トンのウシとヒツジをほぼ一万七〇〇〇キロメートル輸送し、そのあいだ新鮮に保っておくことだけだ。一つの手っ取り早いやり方は、生きた動物を運ぶことだ。しかし、動物を波止場まで連れて行くだけでも一苦労だ。貨車で餌も水も与えず輸送されることも多いが、到着したときには衰弱している。アメリカでも、ウシをグレートプレーンズからシカゴの食肉加工の中心地まで運ぶ役割を担う人間は、カウボーイから鉄道員に置き換わっていた。十分な餌と水を与え、できるかぎりひんぱんに休憩したとしても、鉄道輸送したウシはつらい旅にひどくおびえ、餌を食べられなくなった。終点に着いたときには、乗り込んだときよりも体重が四〇キロほど減っていた。

答えは、サプライチェーンの初めで屠畜して、冷蔵によって新鮮に保たれた「死肉」を輸送することだ。

大西洋航路客船は、一八五〇年代から氷を使って乗客の食事を新鮮に保っていたが、海を渡る期間以上に長持ちさせることは期待されていなかった。アメリカ産の枝肉はすでに冷凍船でヨーロッパに輸入されていたが、冷蔵庫のパイオニアのジェームズ・ハリソンはオーストラリアの肉を同じようにして運べることを一八七三年に証明しようとした。結果は惨憺たるものだった。高価な積荷が陸を見るはるか前に、氷は解けてしまった。ハリソンはその後冷蔵業界を去り、安全なジャーナリズムの世界に戻って、自分のさらなる行動でばくちを打つより他人の行動について書くほうを選んだ。*

*それを誰が責められるだろう。私にはできない。

冷蔵船から鉄道、トラックへ

トーマス・モートの計画は、氷ではなく機械式冷蔵庫を使うものだった。一八六〇年代にモートは自分の海運業を多角化し、その中にはニューサウスウェールズ生鮮食品および氷会社があった。利益はほとんど出なかったが、このビジネスは役に立った。モートには冷凍したウジ虫チーズを使った十八番の芸があった。チーズを日なたで解凍して、見物人を集め、寒さで休眠したウジ虫が再び動き出すのを見せるというものだ。

一八七七年、モートは自分の氷販売と海運業の合体を、ノーサム号という水上の冷蔵庫に改装したしかけによって実現しようとしていた。シドニーでは真冬の七月、ノーサムはロンドンへ向けてヒツジの初回積み出しの準備を整えており、モートには魚、牛乳、さらには生きたカキを世界の反対側に送るという将来的な計画があった。

準備は完了した。ノーサムの船倉は、肉を運び込んだときには一一℃に冷やされており、それから冷却装置が肉の温度を約一・五℃まで下げた。一八七四年には、その一〇年前に病気と腐敗の細菌説を体系化した高名なフランスの化学者ルイ・パスツールが、肉をこのくらいの温度に保てば五〇日間は食べられると発表していた。それでも、ノーサムの温度が九〇日の航海のあいだ十分に低く保たれるかどうかははっきりしていなかった。モートはリスクを負わねばならなかった。

だがモートにチャンスは訪れなかった。アンモニア圧縮技術は、船が出航もしないうちに彼を失望させた。船倉の温度が上がり、肉を降ろすしかなくなったのだ。モートの夢は潰え、相当な負債が残った。翌年、モートはこの世を去った。

モートは冷蔵船を初めて提案した人物ではなかった。一八六八年、アルゼンチン政府は、パンパス

（訳註：アルゼンチン中央部にある草原）でこれまで以上に大量生産される牛肉を冷蔵する方法を開発した者に、四万フラン（現在の価値に換算して一二万ポンド）の賞金を出すと公表した。賞が授与されることはなかったが、この発想は、氷を作るのではなく部屋を冷やすシステムを開発したフランスの技術者、シャルル・テリエの目に留まった。

一八七六年、テリエは一般から寄付を募って資金を調達し「石炭をニューカッスル（訳註：石炭の産地）に」、よりこの場に即して言えば「氷をエスキモーに」運ぶのにも等しいことをしようとしていた。新鮮な牛肉をアルゼンチンに運ぼうというのだ。公平のために言っておくと、テリエが新しく改装し冷蔵庫を備え付けた船、フリゴリフィーク号の航海は概念実証なのだ。もし海を渡るあいだ肉が持てば、反対に南米の新鮮な牛肉の輸入を始めることができる。

フリゴリフィーク号は冷蔵したステーキ肉を積んで九月初めにルーアンを出港した。ビスケー湾の嵐で船はコースをはずれ、リスボンに避難した。ポルトガル王までもが積荷に関心を持った。それは三日間の豪雨のあいだまったく傷むことがなかったと伝えられる。テリエの支持者は、実験は成功したと宣言し、高値で株を売却し始めた――だがテリエはあくまで船に大西洋を渡らせると言い張った。フリゴリフィーク号は一二月二三日にモンテビデオに到着し、クリスマスにはブエノスアイレスに立ち寄った。この時点でステーキ肉は一〇五日経っていた。荷を降ろすと、肉は出迎えた要人たちから「上質で新鮮、味も良い」と評された。「科学と資本の革命に万歳」と、ブエノスアイレスの新聞『ラ・リベルテ』は熱狂した。「ラ・プラタに新しい夜明けが訪れた」。

確かにフリゴリフィコ、つまり冷蔵食肉加工工場が、ラ・プラタの港に林立し始めた。南北アメリカからの「死肉」がヨーロッパに向けて送り出された。

冷蔵装置を備えた船は「リーファー船」の名で知られるようになった。この技術はスコットランド人の兄弟ヘンリーとジョン・ビル、そのイングランド人共同経営者ジェームズ・コールマンの手で一八八〇年代に完成した。彼らの装置（ケルビン卿自身の設計も多少参考にした）は、陸上の冷蔵とは違うはたらきをした。リーファーに載った蒸気機関で圧縮された空気は、生鮮食品を詰めた船倉に噴出する。圧縮空気は急激に膨張して冷え、積荷の温度を氷点下まで下げる。

初期に成功したベル＝コールマンのリーファーはダニーデン号だった。一見したところ時代遅れのクリッパーのようなそれは、帆船だった。しかし、一八八二年にこの船は、ニュージーランドの民衆の記憶に残る航海を行った。船には四三三一頭の内臓を抜いたヒツジ、五九八頭の子ヒツジ、二二頭のブタ、二四六樽のバター、ヒツジの舌、ウサギ、キジ、家禽の詰めあわせ二二二六袋が積み込まれていた。肉は港で冷凍され、九八日後にロンドンに到着するまで凍ったままだった。冷蔵は、遠く離れたニュージーランドの農場と世界各地を結ぶ重要な連絡路を作り出し、それは今日なお続いている。

典型的なリーファー船は一日に二・五トンの石炭を消費するが、熱帯を通過するあいだも積荷を凍らせておけた。グラスゴーの造船所はこのような船の大半を建造し、一九〇二年には四六〇隻のリーファー船が稼働しており、常時約一〇〇万トンの冷蔵食品を南北アメリカ、オーストラリア、ニュージーランドから運んでいた。

一八八〇年代に産業用冷蔵庫が登場すると、食品産業はコールドチェーンの所有者の手中に収まった。数十年のあいだ、南北アメリカのフリゴリフィコは一握りのシカゴの実業家（ビーフトラストの名で知られるカルテルを形成していた）に買収された。

明らかにトラストの商品は、地元で生産される肉と比べて品質が優れていた。数千キロを輸送されてきて、相当に古くなっているのに、そちらのほうが外見も味も新鮮だったのだ。しかし、一九〇〇年代初めになると、シカゴの秘密結社は、南北アメリカで牧場に支払う価格を決め、ヨーロッパでの売り上げで堅実な利益を確保することができた。一九二〇年代になって、彼らの勢力圏外──主にオーストラリアとニュージーランド──から相当数のリーファー船がやってくると、ようやくトラストの国際的影響力は弱まり始めた。

同じような進展はトロピカルフルーツの取引でも起きた。ボストンに一八九九年に設立されたユナイテッド・フルーツ社が、中南米のバナナその他の果物について独占に近い状態を築き上げ、それが一九六〇年代まで続いたのだ。同社は「エル・プルポ」（タコ）として知られるようになった。その触腕が、ラテンアメリカにおける政治経済生活のあらゆる局面に及んだからだ。ユナイテッド・フルーツは、この時期この地域の「バナナ共和国」で繰り返された軍事クーデターを背後から操っていると、広く信じられていた。

果物は、熱帯の太陽の熱を反射するために白く塗られたリーファー船で運ばれた。バナナボートの多くは旅客輸送も行ったので「グレート・ホワイト・フリート」として知られるようになった。急ぎの用のない人たちは、船が積荷の果物を集めるあいだ、のんびりとカリブ海を周航した。クルーズ船業界も今ではかなり様変わりしているが、変わらない部分もある。乗客は今もなかなか先へ進まないことを楽しみ、船は今も白いが、現代の浮かぶ宮殿には果物の積荷が載る場所はほとんどない。

果物を新鮮に保つためには、肉を輸送するときとは違った低温貯蔵法が必要だ。果物を冷やさずに運べば、途中で熟して、市場に着くころには売り物にならなくなる。ところが軟らかい果物は、他の生鮮食品に使われるような低温にも耐えられない。たとえばバナナをだいたい八℃以下で短いあいだでも保存すると、皮が黒くなる。中の実は大丈夫だが、客はそれが古くなって傷んだのだと思い、買おうとしないだろう。

また果物は、湿度が調節された中でもっとも長持ちする。湿度が低すぎればカラカラに乾いてしまうし、湿度が高すぎれば腐ってしまう。したがって、バナナボートの船倉には冷たい空気を果物に吹き付ける扇風機が備えられている。扇風機は、船が寒いところに来たときに船倉を温めるように切り替えられる。列車も、少なくとも客車は、冷蔵車となりえた。その歴史の大半を通じて、列車は氷で冷やされており、ヨーロッパでは、距離が短くコールドチェーンは短期間なので、果物は単に、新鮮で冷たい風が入るように脇の開いた車両で運ばれた。オーストラリアは一八九〇年代に冷蔵車に手を出したが、そのやり方を世界に示したのはアメリカの果物籠、中部カリフォルニアだった。

ユナイテッド・フルーツやビーフトラストという先例のように、鉄道会社は冷蔵に期待をかけていた。ユニオン・パシフィック鉄道とサザン・パシフィック鉄道は提携して、一九〇六年にパシフィック・フルーツ・エクスプレス（ＰＦＥ）を設立した。ＰＦＥの六〇〇〇両の冷蔵車は、氷で冷やした果物を全国に運んだが、アメリカを横断するあいだに氷を九回補充する必要があった。

ＰＦＥは北米最大の果物取引会社であるだけでなく、世界最大級の氷の生産者にもなった。絶えず冷やさなければならない果物に氷を供給するため、鉄道網のすみずみにまで製氷所を建てたからだ。この氷サプライチェーンは、機械式冷蔵車両が北米でついに導入された一九七〇年代まで現役だった。

機械式冷蔵車への交代には長い時間がかかった。発端は一九三八年のある暑い夏の日、ミネアポリスでのゴルフのプレー中に起きた。あるプレーヤーが、トラックの故障で積荷の鶏肉がシカゴへ送る途中で腐ってしまったと嘆いていた。プレーヤーの中には地元の映画館に音響機器を提供する実業家ジョゼフ・ヌメロがいた。ヌメロはゴルフ仲間たちから、トラックに冷蔵装置を積む方法を探せとけしかけられた。ヌメロは起業家であってエンジニアではなかったが、それができる人間をすでに知っていた。

「三〇日で一台作れる」とジョゼフは言った。

それよりもう少し長くかかったが、一九三九年には、ジョゼフとエンジニアのパートナー、フレデリック・マッキンリー・ジョーンズは、そのような装置の特許を取得した。これがモデルAとして知られている。二人はサーモキングという会社を立ち上げ、この装置を製造販売した。サーモキングは現在、コールドチェーンの世界的な立役者だ。さらにいくつものサーモキング製品があとに続いたが、製氷所というインフラがすでに確立していたことから、コールドチェーンの現状にあまり影響がなかった。機械式冷蔵トラックに挑戦したのはサーモキングが初めてではなかったが、フレッド・ジョーンズの設計は、以前に試みられたものよりも強靭であった。新しい工夫の一つが、装置を軽量に作り、置き場所をトラックの底部から泥が詰まりにくい屋根に移したことだった。

フレッドとジョゼフの最初の大成功は一九四二年にもたらされた。サーモキングはアメリカ軍に冷蔵トラックを納入したのだ。トラックは、氷配達人が行きたがらない最前線に生鮮食品を輸送する、戦時サプライチェーンに使われた。

一九四〇年代末には、サーモキングは鉄道車両に進出し、ブロック氷を使う冷蔵車に代わる冷蔵有蓋貨車を製造した。しかし、進展はまだ遅かった。一九五〇年代、サーモキングは船舶輸送へと業務を拡大し、またその技術を転用してバス用エアコンを供給したが、本当の転機は一九五九年、ディーゼル駆動のユニットの採用で訪れた。これはガソリンエンジン駆動のものの五倍長く稼働した。冷蔵トラックは今や鉄道輸送と張り合うまでになっており、セミ・トレーラーの前面に取りつけられた冷蔵ユニットは、現代の見慣れた光景になり始めた。

一九九一年、フレッド・ジョーンズとジョゼフ・ヌメロは、ジョージ・H・W・ブッシュ大統領によりアメリカ国家技術賞を死後授与された。ジョーンズはこの賞を授与された初めてのアフリカ系アメリカ人だった。モデルA以降、ジョーンズが加えた環は、コールドチェーンを現代世界と結びつけた。ジョーンズと、ジョゼフと、フェアウェーで汗をかいていた例のゴルファーたちのおかげで、熟れた果物や生肉が、はるか彼方から私たちの食卓まで旅してくることは当たり前になった。農産物はたぶん旬ではない――もっともそれが何のことか本当にわかっている者は少ない――が、常に新鮮だ。

もう一つ変わったのが、新鮮さそのものの考え方だ。二〇〇〇年に開催された、食品包装に表示される「新鮮」という語の正確さを検討する会議で、さるアメリカ食品産業関係者がこのように発言したと記録されている。「新鮮とは測定値ではない。新鮮とはもののありようのことだ」。

一九〇九年の『アイス』誌の記事には、もっと尊大な態度が見られた。「残念ながら、本当の風味の豊かさは、木の上で熟した果物でしか感じられない。したがって、ニューヨークの人間は、熟したカリフォルニアの果物を食べてはいるが、カリフォルニアの果物が本当はどれほど美味しいか知らない」。当時も今も、世界中で何も変わらない。家庭用冷蔵庫は食品を永久に変えたのだ。

一九五六年、キャスリーン・アン・スモールズライドは *The Everlasting Pleasure: Influences on*

America's Kitchens, Cooks, and Cookery, from 1565 to the Year 2000（永遠の喜び：アメリカの台所、料理人、調理法、一五六五年から二〇〇〇年まで）と題する本を著した。これはきわめて野心的なタイトルだが、以下の引用にそれは生かされている。

主婦がスーパーマーケットから帰ってきて、買ってきたものを冷蔵庫にしまい、扉を閉めるとき、彼女はスプリングハウス（訳註：泉や小川の上に建てた、肉など傷みやすいものを貯蔵する小屋）、牛乳とバターの棚、地下貯蔵庫、チーズ貯蔵室、燻製場、閉鎖井戸の扉も閉めるのだ。同時に彼女はジャム鍋、ピクルス壺、プディング袋、酢の樽に背を向けたのだ。氷貯蔵庫や氷配達の馬車についても忘れ去ったのだ。氷は冷蔵庫を冷やすものではない。冷蔵庫が彼女の必要に応じて氷を作るのだ。

コールドチェーンは余剰生産物をより速く、より遠くに運ぶ手段となる一方、私たちと食物との関係をすっかり変える結果となった。

家庭用冷蔵庫は各世帯に自前のコールドチェーンの終点をもたらした――まずはアメリカに、のちには世界に。そこは、ロッキー山脈を越えグレートプレーンズを渡って冷蔵貨車で運ばれたカリフォルニアメロンが、シカゴの加工場からのステーキ、グランドバンクスのタラ、カルタヘナのバナナと出会うところだ。

冷蔵庫がスーパーマーケットを生んだ

コールドチェーンは食料品店で買える食品の幅を広げ、今度はそれをまとめて保管する場所を与えた。家庭用冷蔵庫は三つの呪文で販売された。あらゆるエキゾチックな食べ物の腐敗を防ぐ、時間を節約する、家で氷が作れる。最後の一つは顧客にとって一番の呼び物だった。アイスボックスにはできないことだからだ。しかし本当に重要なのは時間の節約だ。主婦は（というのは彼女たちの冷蔵庫なのだから）食品を毎日買いに行くことから解放され、生鮮食品の保存に追い立てられることもなくなった。冷蔵庫は新たな商機を食品産業にもたらした――各家庭に一度に台所いっぱいの食品を売ったらどうだろう。言い換えれば、スーパーマーケットを作り出すのだ。

保存食品も大量に売ってはいるが、スーパーマーケットは冷蔵庫登場以前にはありえなかった。これは、客が買ったものをしまっておくのに冷蔵庫が必要だというだけではなく、店自体が生鮮食品を巨大な冷蔵庫に保存する必要があるからでもある（スーパーマーケットは自動車時代の産物でもある。もう一つのコスト削減案は、客が自分の買った物をすべて自分で運ぶというものだった）。

世界初のスーパーマーケットの企画は、慈善家で知られるアスター家の一人、ビンセント・アスターが創業したアスター・マーケットで、一九一五年にマンハッタンのアッパー・ウェスト・サイドに開店した。ビジネス・モデルは予想に違わないものだった。規模の経済によって安く豊富な品揃えを提供することだ。しかしアスター・マーケットは早すぎた。客足は鈍く、一九一七年には店を閉じた。当時冷蔵庫は自動車よりも高価で、どちらも持っている人は少なかった。

アスター・マーケットの客は、店のそれぞれの売り場に並んでそれぞれの品を買うものとされていた。客がセルフサービスで買い物をする店の発想は、アメリカの食料品販売業者クラレンス・ソーンダーズのものだった。ソーンダーズはピグリー・ウィグリー食料品チェーン店（店名は今日まで続いている）の創立者だった。第一号店は一九一六年にテネシー州メンフィスに開店した。客は遊園地を訪れるか地下鉄に乗るように回転扉を通って入店し、すべてレジで一度に会計して出ていった。現代の買い物客には、その仕組みはすっかりおなじみだ。

ピグリー・ウィグリーは当初、長持ちする食品だけを売っていた。本当のスーパーマーケットは何でも――生鮮食品もそれ以外も――売っており、「世界初のスーパーマーケット」として名乗りを上げているものはいくつかある。明らかに条件を満たすものの一つが、一九三〇年代にロング・アイランドで始まったキング・カレン・チェーンだ。キング・カレンは「高く積み上げて低価格で売る」という方針で、十分な駐車スペースを客に用意していた。

キング・カレンをはじめとするチェーン店の草分けは、大恐慌時代に創業し、アメリカ人が求める節約を提供した。過去二〇年間で、スーパーマーケットはもっとも妥協のない美食家の国々まで侵略した。ヨーロッパでの受け入れが遅かったのには二つ理由がある。まず、利便性の要素があまり切迫していなかったことだ。ヨーロッパの都市住民で食料品店が数分の距離にない者はほとんどいなかった。第二に、食物とのつながりがより強固だったことだ。人々は熟した野菜や果物、新鮮な肉の味を知っており、冷蔵した農産物が活躍する余地はなかった。それでも、郊外の大型ハイパーマーケットに勝つのは難しいことがわかっている。

一九三〇年代以来、スーパーマーケットの中は大きく変わってきたが、本質は何も変わっていない。スーパーマーケットは信じがたい規模に拡大し、食料品に留まらず膨大な種類の品物を売っている。しかし本質的にはそれは常に同じ、冷蔵農産物が旅の最後で分散する、コールドチェーンの数多くの結節点なのだ。

スーパーマーケットは私たちの食料品購入を、一週間か二週間に一度のまとめ買いに圧縮した。近年スーパーマーケット業で最先端にある英国では、多くの人がオンラインでまとめ買いをし、いわゆる「ダークストア」から配送を受けている。ダークストアというのはスーパーマーケットには違いないのだが、レジも陳列もなく、照明も薄暗い。客も一人もおらず、従業員だけが二四時間態勢で働き、冷蔵トラックで配送するためにオンライン注文を処理している。

食料品、特に好物の軟らかい果物や肉の切り身を他人に選ばせるには、ある程度の信頼が必要だ。オンライン買い物客は、かごのモモが他のかごと一緒だと、パックのラムチョップが隣のパックと同じ味だと納得している。何よりオンライン買い物客は、当然食品が新鮮な状態で届き、一定期間新鮮な状態を保つものと受け止めていた。

多くの人にとって、直接食べ物を買いに行くこと、メロンの匂いを嗅ぎ、リンゴを押して熟れすぎていないか確かめ、チーズを試食することは、今や娯楽の一つであり、田舎の市場へ週末にのんびり遠出をしたときに楽しむようなものなのだ。それ以外では、私たちは買い物かご（バーチャルであれ本物であれ）に商品を詰め込んで先へ進むだけだ。時間も金も余裕がないのだから。

件の『アイス』誌の執筆者が一九〇九年に嘆いたように、コールドチェーンは食料生産と消費のあいだに断絶を作り出している。私たちが初めて食品に遭遇するのはスーパーマーケットだ。まさにそこから食べ物はやってくるのだ。その始まりからコールドチェーンの運営者たちは、自分たちの生産品が見栄えのいい状態で売り場に届くように努力した。悪いことではない。品質は、少なくともある程度、向上させる必要があった。そうでなければ、より優れた競合商品がすぐに取って代わるだろうからだ。

大量生産の果物の場合、それは中世に始まる長い物語の最終章だった。昔話の中で、邪悪でうぬぼれの強い王妃が白雪姫を殺すためにリンゴを選んだのは、決してたまたまではない。

コールドチェーンの登場までは、市場に出たリンゴなどの果物は、早く摘みすぎて熟していないことがよくあった。その苦い味は人々に、中世の時代にはきわめて現実的な脅威だった毒を思わせた。さらに厄介なのは、熟すまで置いておくとリンゴにウジが湧くことだ——おそらく蛾の幼虫である可能性のほうが高いが、被害者は説明されても喜ばないだろう。啓蒙時代以前の精神では、リンゴは確かに悪魔の果物だった。

新鮮な果物はやがてルネッサンスの食卓に装飾として居場所を見つけた。当時も今も、果物の新鮮さと清浄さは、味よりも見てくれで判断されることが多い。

もちろん、フードマイレージと、世界の反対側で収穫したもので棚をいっぱいにするのに使われるエネルギー資源に関する、当然の懸念もある。時に統計値は容赦がない。アメリカの土地の三分の二と、その穀物の七〇パーセントは人間の食物から家畜の飼料へと転換されている。すべてをひっくるめると、一キログラムの牛肉を生産するのに、農家は、一キログラムの野菜を作るために必要な水の一〇〇倍を使わなければならない。このような集約的に生産される食品の需要には、天然の土地と水の供給では間に合わないことは明白だ。しかし、この問題は複雑さをはらんでいる。店から数キロのところで人工光で栽培された地元産ミニトマトは、熱帯から空輸されたサヤインゲンと、少なくとも同じくらいのエネルギーを（特に冬には）生産に必要とするだろう。

こうした懸念の拡大にコールドチェーンと食品業界が全体として対処するかどうかは、現時点ではわからない。その一番の関心事は食料品を売ることであり、喜んで買う者はいくらでもいる。それは一九一〇年、『ニューヨーク・トリビューン』紙にこう書かれた時点で、すでにわかりきったことだった。

この［冷蔵］産業は文明人の生活習慣の中に完全に確固たる地位を築いた。われわれは当然のように一年中卵を食べられるが、われわれの祖母は冬にケーキを焼くためにしか使えなかった。同じように、五月や六月のリンゴは当たり前のように受け入れられているが、前の世代にはなかったものだ。

今日の文明人もほぼ同じことを期待しており、卵を流動パラフィンでコーティングして殻の小穴をふさぎ、貯蔵中に腐らないようにしている。同様に、本来蠟質で覆われたリンゴの皮を、コールドチェーンの長旅の初めに食品グレードのパラフィンでコーティングして、カビを防ぐ防壁を作っている。

これらを含めた商売上の小手先の技は、生鮮食品の鮮度をわかりにくくするが、古さは隠しようがない。包装時刻を記録し賞味期限を表記する、厳格な管理体制が見ているのだ。「消費期限」「販売期限」「賞味期限」には微妙な意味の違いがあるが、いずれも食品が従うべき期限だ。期限は大幅に安全側に振ってある。テリエのフリゴリフィーク号で三カ月かけて大西洋を駆け抜けたフランスのステーキ肉を思い出してみよう。その消費期限は、ラ・プラタの波止場で供されたときには、とうの昔に切れていたことだろう。気取った食通は、賞味期限をとっくに過ぎたものに顔をしかめるかもしれない――食べ物から嫌な臭いがするからではなく、おかしな臭いや味がまったくないので。明らかに、この制度にはある程度の幅が組み込まれている。

しかし、こうした期限の背景にある原動力は、リステリア菌の発見だ。この細菌は一九二〇年代に初めて確認され、ジョゼフ・リスターにちなんで命名された。リスターは一九世紀のスコットランドで消毒薬を医療に使った先駆者である。多くの命を救ったこの人物が、致命的な細菌の名前で讃えられるのは不幸と言えるかもしれない。リステリアは手強い細菌だ。そして大半の細菌と違い、冷蔵されてもゆっくりとだが着実に増殖する。一〇〇万人あたり一〜二人の病気だが、感染するとリステリア症を発症する。これは神経系の疾患で、二五パーセントの致死率がある。

アメリカでは、コールドチェーンに高い衛生基準が定着するにつれて発生率は低下しているようだ。ヨーロッパでは、家庭用冷蔵庫の利用が比較的新しい習慣なので、その反対だが、リスクは依然小さい。

こうしたリスクを上げるのは、調理して食べる生の食材ではなく、調理済みの肉、殺菌されていないチーズ、露地栽培の果物など出来合いの食品だ。もっともリスクにさらされるのは妊婦と免疫不全を患う人だ。リステリアに関しては心配性になるのはたやすいが、消費期限は、この細菌やそれ以外の細菌に対する頼もしい防御のまさに最終ラインなのだ。あわてずに、常にラベルを読もう。

冷凍食品はそうした細菌の問題に悩まされることがない。水は〇℃で凍るが、食品は全体がマイナス二℃くらいになるまで固体にはならない。氷点下でも液体の水がまわりにあるうちは、多少増殖するばい菌もいるが、食品が固まってしまえば、増殖は止まる。冷凍冷蔵庫は食品の温度をマイナス九・五℃以下に下げることができる。この温度では塩分を含んだ液体も凍り、腐敗プロセスは無視できる程度になる。ただし、だまされてはいけない。細菌はまだそこにいて、食品が解凍されるとよみがえるのだ。トーマス・モートがウジ虫でやって見せたように。

冷凍技術の進歩

家庭用冷蔵庫による食品の冷凍は、一九五〇年代に（やはり主にアメリカで）普及した。スーパーマーケットは消費者に、好きな食品を安くまとめ買いする機会を提供した。しかしそれには、買ったものを全部しまっておく場所が必要となる。もしなんでも普通の冷蔵庫に放り込んでいたら、危なくならないうちに必死で食べることになるだろう。冷蔵庫で食品を新鮮でおいしいまま保存できると消費者を納得させることには、これまでのところ完全に成功していた。したがって次のステップとして、食品を冷凍しても質があまり落ちないと納得させることは比較的単純だった。食品を冷凍する便利さと経済性は、すでに冷蔵と分かちがたく結びついた社会にとって、考えるまでもなかった。

企業は冷凍専用機を売り出した。それは台所用冷蔵庫とまったく同じ方式で動いたが、一般により粗造りの重たい箱で、地下室やガレージのようなもので使うために作られていた。台所用冷蔵庫が洒落た外装と、内装のディスペンサー、トレー、その他の仕掛けを備えているのに対して、冷凍庫はただの収納箱だった。ドアを開けると点灯するライトすらなかったのだ。

そうでなければならない理由はちょっとした謎になっている。なぜ冷蔵庫にはライトがあり、冷凍庫にはないのか？　頭の切れる人たちが、ありとあらゆる一見気の利いた答えを考え出してきた。代表的な推測は、電球が発熱体となって食品を解凍し、細菌の増殖を助長するからというものだ。なるほど、電球は温かいが、それはドアが開いている時にしか食品を温めない。食物を解凍して細菌の増殖を助長するには、冷凍庫のドアを開けっ放しにするほうが、電球を使うよりも効果的だ。もう一つの推測は、もう少し知的だ。ガラスの電球はほぼ常時氷点下の温度にある。点灯するとフィラメントが白熱して、急に温度が上昇する。その熱ショックでガラスにひびが入らないだろうか？　もっともらしく聞こえるが、強化ガラスを使えば解決できることだ。正解はもっと平凡だ。電球や付属する電気系統のコストが余計にかかるからだ。当時も今も、私たちは冷凍庫をそうしょっちゅう開けないので、電球はその生涯の大半使われていない。開けたときでも、自分が何を取ろうとしているかはわかっているし、それがどこにあるのかもだいたい頭に入っている。何を食べようかと考えながら冷凍庫を覗き込む者はいない。いずれにせよ、必要なら部屋の明かりを点ければいいだけだ。それでも現代の冷凍室にはたぶんライトがついているだろう。競争の激しい市場で、人目を引きつけるためにつけ加えても採算が合う程度に、その固定費は小さい。

こうした些細な技術的問題は、冷凍保存の発達において大きな障害ではなかった。最大の問題は、冷凍した食品を解凍したとき、たいてい程度の差こそあれぐにゃぐにゃになってしまうことだ。肉は一番変質しにくく、軟らかくする手段として冷凍が推奨されていたが、冷凍のステーキ肉は、伝統的手法で乾燥熟成したものに本当の意味で太刀打ちできなかった。乾燥食品はおおむね冷凍の影響を受けないが、この種のものはいずれにしても冷凍する必要があまりない。魚、果物、野菜は生でも調理済みでも決まって駄目になった。

原因は冷凍の速度だった。温度がゆっくり下がると、一つひとつの氷の結晶が大きく成長する。大きくなるにつれて、結晶は食品を形作る繊細な細胞構造をすべて破裂させる。再び解けると食品はぶよぶよになり、汁がしみ出して、その過程で味がなくなる。解決法は急速冷凍の手法であり、それを解明したのがクラレンス・バーズアイだった。

クラレンスはアメリカ人だが、今日では英国で、冷凍食品を届けようとした老練な船乗り、キャプテン・バーズアイとして、もっともよく知られている。それ以外のヨーロッパ人は、彼をキャプテン・イグルーの名で知っている。実際には、クラレンスはイグルー（訳註：北極圏の先住民族が使用する雪のブロックを積んだ住居）に詳しかったが、船乗りではなかった。いくつも仕事を持っていた——剝製師、罠猟師、昆虫学者——が、明らかに陸の人だ。

一八八六年にニューヨーク市ブルックリンで生まれたバーズアイは、大学を中退して西部へ移り、ニューメキシコ州で農務省の仕事に就いた。一九〇八年の当初の仕事は主にコヨーテを殺すことだったが、一九一〇年には、政府の科学者でマラリア蚊の効果的な駆除法の発見に貢献したウィラード・バン・オースデル・キングの助手を務めた。バーズアイは西部を回り、寄生虫研究事業の一環として小型哺乳類を罠で捕らえ、保存していた。まさにこの一九一一年の研究を通じて、バーズアイは、ロッキー山紅斑熱がマダニ咬傷で広まると突き止めるのに一役買ったのだ。発疹チフスの一形態であるこの病気については、当時よくわかっておらず、命取りになることも多かった（のちの研究者が何人か命を落としている）。バーズアイにとって——そして食品産業の将来にとって——幸いなことに、一九一二年には新しいプロジェクトに異動となった。バーズアイは、当時ニューファンドランド自治領と大仰な名が付いた地域の一部だったラブラドールに赴き、毛皮獣の罠猟師として一儲けしようとした。しかし現地に着くと、かなり脇道にそれることとなった。

地元のイヌイットがバーズアイに氷上の穴釣りを教えた。亜北極の気候の中、釣り上げた魚がたちまち凍るのをバーズアイは見た。解凍した魚は見かけも味も完全だった。マイナス四〇℃あたりでは凍結が急速に起こるので、ごく小さな結晶しか形成されない。結晶は個々の細胞より小さく、損傷を与えない。

一九二二年には、このような瞬間冷凍魚の開発に、産業規模で着手するための支援をバーズアイは得ていた。途中倒産の危機も当然あったが、一九二五年にはようやくある程度の成果が上がった――それこそがやがてバーズアイ・マルチプレート冷凍機となるものだった。生の魚は表面積を最大にするため、平たく並べて包装される。それから箱に入れて鋼鉄製のコンベヤーに載せる。金属の表面は、その下を循環している冷却された塩水でマイナス四三℃まで冷やされている。同様の機構でコンベヤーの上の天井も冷やされており、箱が通過する時にはその上に降りてくる。この機械は、イヌイットの釣り仲間も驚くほど速く凍らせることができる。以来、改良は重ねられているが、自動瞬間冷凍装置は現在もほぼ同じようにはたらく。

バーズアイはマサチューセッツ州グロスターにゼネラル・シーフード社を設立した。あとは周知のとおりだ。ヨーロッパでは、バーズアイ・ブランドは冷凍の肉と野菜も販売しており、ユニリーバに買収され、最近他社に売却された。ユニリーバは世界最大のアイスクリーム生産者でもあり、一九二二年に英国の企業ウォールズを買収したのを皮切りに一大帝国を築いていた。奇妙なことに、ウォールズはもともと食肉業者であり、顧客に国王ジョージ四世もいる老舗の「御用豚肉商人」だった。しかし所有者トーマス・ウォールは、それに先立つ一〇年、定評あるソーセージとパイの売り上げが落ちる夏に従業員と回転率を維持する方法を模索していた。その答えが、自社の大きな冷蔵倉庫にアイスクリーム（食肉加工で出た大量の豚の脂肪を使って、滑らかで軟らかく作られていた）を蓄えることだった。当時はリーバー・ブラザーの名で知られていたユニリーバは、それを実行に移した。この会社はためらうことを知らなかった（ただし今日では原材料に豚の脂肪は使われていない）。現在、ユニリーバは年に四〇億ポンドのアイスクリームを売り、アメリカのベン＆ジェリーズからエクアドルのピングイーノ、オーストリアのエスキモー・アイスクリーム、オーストラリアのストリーツ・ブランドまですべて所有している。

北米では、バーズアイは現在ピナクルフーズが所有しているが、長年クラフトフーズ・グループの傘下にあった。二〇〇八年、コールドチェーン大手のクラフトは、かなり異例のことをやった。地下に潜ったのだ。これはアニメ『ザ・シンプソンズ』に登場するバーンズ社長がやりそうなことのように思えるかもしれない。この施設がミズーリ州スプリングフィールドにあるのでなおさらだが（訳註：『ザ・シンプソンズ』の舞台も「スプリングフィールド」という架空の街）、巨大な洞窟はものを冷たく保つのにもってこいの場所なのだ。スプリングフィールド・アンダーグラウンドは地下三〇メートルにある石灰岩採掘所で、貯蔵スペースは二平方キロメートル以上ある。地下の天然の温度は、朝も昼も夜も一四℃で安定しているが、五万リットルの塩水冷却液が巨大な洞窟を循環し、温度を常時一℃まで下げている。ジェームズ・ボンド映画の悪役が冷蔵庫を必要とすることがあれば、ここへ行けばいいわけだ。

洞窟に潜むプロセスチーズ、サンドイッチスプレッド、ゼリーは、トラックやトレーラーが運ぶ冷蔵コンテナに入れられて行き来する。アメリカ製チーズの味は海外では好まれていないが、理屈の上では、洞窟を出たコンテナは世界中へ輸送できる。現代のコールドチェーンは、多分に漏れずコンテナ輸送化されており、冷蔵貨物はトラックから貨物列車、列車から船、またその反対と、中身に触ることなく移すことができる。個々の冷蔵コンテナは、何であれ中身に合わせてあらかじめ設定した内部気候を維持することができる。こうしたものは一九七〇年代後半に開発され、その多くは冷蔵の女王ことバーバラ・プラットのおかげだ。

世界有数の巨大海運業者マースクの従業員として、冷蔵コンテナの中で数週間住み続けることがバーバラ女王の仕事だった。コンテナは少し特殊だった。マースクはそれを「海陸移動実験室」と呼んでいた。外見上は、防弾窓以外普通のコンテナと変わらない（それはたびたび港に置き去りにされ、港というのは治安の悪い無法地帯であることもある）。内部には居住と睡眠のための小さな区画が一方の端にあった。もう一方には実験室がある。海上、路上、または鉄道上にあるコンテナ内部と同じ条件を作り出すことがその目的だった。したがって、バーバラと同僚の科学者たちは一度中に入ると、実験が終わるまでドアを開けることができなかった。実験室はさまざまな実験場所へと簡単に運ぶことができた。何しろそれは輸送用コンテナなのだから。バーバラたち研究班は実験室であちらこちらと回ったが、研究の大部分は特定の条件により選ばれた一カ所——港湾ターミナル、農場、工場——で行われた。ほぼ七年間、バーバラは実験室を使ってコンテナ内の湿度、温度、気流と、それらが中に入れて運ぶさまざまな食品に与える影響を観測した。その発見を基に、コンテナ輸送時の食品の積み込み方法について設計が修正され、今日なお使われるガイドラインが作成された。

海陸実験室は、数ある科学と冷蔵が出会う場所の一つだった。この場合、冷蔵は食品やその他天然の物質を保存するための道具だった。しかし、より強く冷却することで、冷蔵は自然の本質を精査する道具としても使えるのだ。

第10章　低温を極める

サー・ジェームズ・デュワーは
お前たちより偉い人
お前ら阿呆の誰ひとり
気体を液化できやせぬ

二〇世紀の人物四行詩　よみ人知らず

気体を液体にするファン・デル・ワールス力

英国の登山家ジョージ・マロリーは、一九二四年、エベレストに登りたい理由を、有名な短い言葉で表した。「そこにあるからだ」。結局マロリーはそこに、その後七五年間留まっていた。その遺体は一九九九年に発見されるまで、氷に覆われたエベレスト山頂直下六〇〇メートルほどのデスゾーンで凍りついて横たわっていたのだ。相棒のアンドリュー・「サンディ」・アービンは見つかっていない。彼らが登頂に成功したかは誰にもわからない。

エベレスト山頂の気温はしばしばマイナス四〇℃という恐ろしい温度にまで下がる。人間が耐えられるぎりぎりの想像を絶する寒さだ。三人の英国人探検家が南極の夜に乗り出した、一九一一年の「冬の旅」では、さらに寒かった。ヘンリー・「バーディ」・バウアーズ、エドワード・エイドリアン・ウィルソン、アスプレー・チェリー＝ガラードは、気温マイナス五七℃の闇の中を五週間歩き続けた。彼らの目的は、ケープ・クロジエの営巣地でコウテイペンギンの卵の標本を初めて集めることだった。驚いたことにこれは成功し、三六時間にわたりテントを失って雪の吹きだまりで寝ることを余儀なくされながら、三人全員がベースキャンプに戻った。ウィルソンとバウアーズは八カ月後、南極点から戻る途中でロバート・スコットと共に死んだ。

彼らが耐えた寒さは人間の経験の範疇を超えている。体組織はこのような寒さを感じる能力を持っていない。ただゆっくりと死ぬだけだ。だが科学者は、もっと低い温度がありうることを知っており、探検家たちと同じ冒険心が、ただ想像するしかない、手の届かない極低温の探究へと彼らを駆り立てた。一八九〇年代、ジェームズ・デュワーは目標を「水素山」に定めた。少々過剰にメタファーを交えて、デュワーは、もっとも軽くもっともはかない物質である水素ガスの液化により、それまで可能と思われてきたよりも低いところを目指していた。そこでデュワーが何を見るか、誰にもわからなかった。それは勇気を必要とするもの、命を奪いかねないものだった。

一七八〇年代、気体を研究する空気化学者たちはいくらか湿っぽい気分になっていた。オランダのマルティン・ファン・マルムは、気体にかける圧力をどんどん上げていくと、より小さな空間を無限に満たしていくだけではないことを示して、多くの者が抱いていた疑いを裏付けた。それはやがて液体になったのだ。ファン・マルムはこの功績を、アンモニアを使って達成した。ちょうど好都合に数年前ジョゼフ・プリーストリーが分離していたもので、もちろん、世界中の冷蔵庫の中を流れることになるまさにその液体だ。

しかし、発生した温度変化は、この段階では単純なデータ点だった。焦点は物理変化にあった。一八二〇年代、マイケル・ファラデーが、化学的方法によって、意図せず偶然に、二酸化炭素と塩素の液化に成功した。ファラデーの実験器具はこのような気体を高圧で発生させられるため、集気瓶の中で少量が液化していたのだ。

一八三四年にはあるフランス人が、もっと実用的な量の液体二酸化炭素を作り出せるほど強力な改良型のコンプレッサーを作りあげていた。今、フランス人とだけ言ったのは、現在に至るまでその人物が、別人と取り違えられることがよくあるからだ。パリの特許図書館で少しばかり調査が行われ、そうでないことが証明されるまで、問題の人物はこのころパリの工業学校で化学専攻の学生だったシャルル・ティロリエだとされていた。しかし二〇〇三年に、真の改革者はアドリアン・ティロリエ（自分の作品に姓だけで署名する癖があったらしい）であることが確認された。

さて、歴史上のしかるべき居場所を取り戻したアドリアン・ティロリエは、一〇〇〇気圧の圧力を生み出すことができるコンプレッサーを作っていた。この装置は、時計職人が使う精密な機械仕掛けと、すさまじい力を持つ蒸気機関のような鉄製品が融合したものだった。その威力は軽視できない。あるとき、この機械を実演した際、鉄製のガスタンクが爆発して、操作係の脚をずたずたにした。事故の直後、操作係は片脚の切断を余儀なくされ、付随する感染症で数日後に死亡した。

それでもティロリエの機械は、二酸化炭素を液化する以上のことをやってのけた。それを凍らせたのだ。固体の二酸化炭素はティロリエの恐ろしいポンプの中で一八三五年に初めて見つかった。最初は単に綿毛のような雪と表現されたそれは、以来ドライアイスとして知られている。通常の大気中の条件では、ドライアイスは解けない。それは昇華、つまり固体から液体段階を完全に飛び越えて、直接気体状態になるのだ。ドライアイスのかけらを常温の水に放り込むと、ぶくぶく泡だちながらかなり派手な白煙がもうもうと発生し、容器の縁を越えて床一面に広がっていく。これがなければマジックショーが成り立たない時期もあった。マーリンなどの魔術師がスクリーンに登場するときは、やはりドライアイスを使って、秘薬を例のごとくおどろおどろしく見せた。キャメロットの魔術師の地下の隠れ家はかなり寒かったに違いない。ドライアイスはマイナス七八・五℃で形成されるのだから。

現実世界に戻ろう。マイケル・ファラデーは、低温の限界を押し下げるために、ティロリエの業績に注目した。一八三八年、ファラデーは王立研究所で公開実験を行い、マイナス一一〇℃を記録した。この超低温を作り出すために、エーテルとドライアイスからなる冷却剤「ティロリエ寒剤」を用いた。続くファラデーの計画はこの寒剤で、過去八〇年間の科学界を支配してきた窒素、酸素その他の気体の液化を試すことだった。しかし、当時ファラデーは神経疾患を患っていた。過労と水銀中毒が疑われる症状が彼を追いつめたようだ。

ファラデーは一八四四年には回復し、それから気体を圧縮と冷却で液化する研究に戻った。翌年までにほとんどの事例で成功したが、酸素、水素、窒素については進捗がなかった。ファラデーはこれらを、他に成果が上がらなかったいくつかと共に「永久気体」と呼んだ。この時点でファラデーは見切りを付け、電磁気学分野に戻ってそこで革命を起こした。

ファラデーは実験器具の限界に達していた。一部に、その限界を押し広げようとしていた者もいた。かなり斬新なアイディアを持っていたのが、ジョルジュ・エメで、深海の水圧を利用して手回しポンプの出力を増幅した。報告によれば鉄のシリンダーに入れた窒素と酸素を、装置でできるだけ圧縮してから海に沈め、水の膨大な重さでさらに押しつぶしたのだ。これまでにない二二〇気圧の圧力が得られる深さ——おそらく一五〇〇メートルのオーダー——に下ろしたと、エメは言う。しかし、液化された形跡はなかった。一八四六年には、オーストリアのヨハネス・ナッテラーはこの問題に技術を投入し、ティロリエのポンプを頑丈にしたものを製作した。ナッテラーは六〇〇気圧を達成したと報告しているが、それでも液化は起きなかった。

この膠着状態と思われるものを打破する発見が、わずか数年のうちにもたらされた。ここでようやくジェームズ・ジュールとウィリアム・トムソンが戻ってくる。一八五二年、彼らは膨張する気体の冷却効果、いわゆるジュール＝トムソン効果の発見を発表した。

この効果は家の冷蔵庫を冷やしているものだということを思い出してほしい。気体をノズルから噴出させて急速に膨張させると、圧力が下がるだけでなく、温度も低下する。気体の法則のすっきりとした線、つまり例の圧力、体積、温度の直線関係が、自然状態の末端で実験すると曲がり始めることを、この効果は示していた。複数の研究者が、関係の揺らぎを観察し、気体が冷えて液化するときの曲折を記録した。数多くの著名人がこの研究に参加した。たとえば、自然の力と物質を数学の方程式に翻訳するのに貢献した二人の知の巨人、ジェームズ・クラーク・マックスウェルとルートヴィッヒ・ボルツマンだ。しかし、それほど有名ではないヨハネス・ディーデリク・ファン・デル・ワールスが、何が起きているのかもっとも的確に説明した。一八七三年、このオランダの学者は、物質の二つの状態が多くの場合混ざりあった連続体の両端においてのみ、純粋な気体と純粋な液体は、実は同じものであるとする考えを発表した。

固体においては、物質の構成単位——原子であれ、分子であれ、イオンであれ——は、それらを定位置に固定する力で、しっかりとした構造に維持されている。だから固体は固いのだ。循環論法を避けるために取り急ぎ言えば、液体や気体の原子などのあいだにはたらく力もある。純粋な気体では、粒子は非常に速く飛び回っており、そのあいだに作用するどのような力も、その動きを止めるには弱すぎる。液体では、原子の動きはもっと遅く、短時間互いにつながっては離れ、また別の原子とつながる。だから固体は堅く不変であり、気体や液体はいかなる形にも流れ込む流体なのだ。将来の研究で、流体の原子間で作用しうる一連の力があることが明らかになるだろう。液体では、ここに結晶やその他の固体をまとめる力が含まれる。だから、液体の温度が臨界点まで下がると、こうした力が物質全体に広がって、固体として結びつけるのだ。

作用しているもっとも弱い力は、その存在を最初に示した人物（もっともそれがどのようにはたらくのかはわかっていなかったが）の名を取って、ファン・デル・ワールス力と呼ばれている。ファン・デル・ワールス力はすべての原子から発生する。われわれは原子が不変で不動の自然の基本要素だと考えがちだが、実は不規則な揺らぎの集まりなのだ。原子は一連の亜原子粒子からできており、中には電荷を帯びているものがある。亜原子粒子――具体的には電子、陽子、中性子――は、一体となって電気的に中性の塊を作る。しかし電子は、他の粒子とがっちり固まることなく、原子の周辺を飛び回っている。それは時に一瞬だけ不規則に一方へ固まり、また分散したかと思うとよそに偶然集まる。クラスターはそれほど多くはできないが、この作用が小さな電気力を生み出し、近くにある他の原子を押したり引いたりする。究極的にはこの微小なファン・デル・ワールス力こそが、めまぐるしい気体の粒子を引き寄せて、液体状態にまとめているのだ。

いわゆる永久気体がそれまで液化を拒んでいたのは、強大な圧力で粒子を圧縮しても、ファン・デル・ワールス力が作用するのに足りなかったからだ。こうした気体を液化する唯一の方法は、粒子が臨界速度より遅くなる低い温度まで冷却することだ。

ファン・デル・ワールス力は、冷蔵庫の中で気体が膨張するときの冷却効果の基礎となるものである。気体粒子が離れるにつれて、この小さい力の積み重ねが引き戻そうとし、それに打ち勝つため、エネルギーを必要とする。このエネルギーは周囲から奪うことになり、全体として温度の低下を生む――ここで冷蔵の話に戻ろう。

この新たな知識は、機械冷蔵を適切に制御するために使われるだけでなく、想像もつかないほど低く温度を下げるための手段を与えたのだ。おそらくは絶対零度まで。

一八七七年、二人の人物が酸素を冷却して液化する方法を発見したとき、すべては一度に起きた。もっとも世に知られたのが――そしてもっとも多くを世に知らしめたのが――フランスのルイ・ポール・カイユテだ。その技法はジュール＝トムソン効果を二度利用した。最初は圧縮酸素（三〇〇気圧相当まで圧縮されていた）の容器をマイナス二九℃まで冷やした。それから圧縮酸素をノズルを通して膨張させた。その結果、酸素はしずくの雲となって噴出し、集気瓶の内側に集まった。カイユテは、この液体――他ならぬ液体酸素――の温度は約マイナス二〇〇℃ほどだと推測した。

下がり続ける冷媒温度

その日は一二月二日の日曜日だった。カイユテはあわてて科学アカデミーに発表するためのメモを殴り書きすると、それを友人に預けた。カイユテは一二月一七日にアカデミーの会員に選ばれる手はずになっており、そこで、そのあとのクリスマスイブに予定されている週一度の定例会まで偉業を秘密にしておいて、自分の出世をより印象づけようともくろんだ。

かなりもったいぶった末に、カイユテの発表は行われた。科学界で名声を得るというカイユテの夢は実現した。もっともその夢は数分しか続かなかった。その時アカデミーの書記が声を張り上げ、二日前にジュネーブの物理学者ラウール・ピクテから電報を受け取ったと言った。そこにはこう書かれていた。「二酸化硫黄と二酸化炭素の併用により三二〇気圧と一四〇℃の低温にて本日酸素を液化」。

ピクテがすでに用意していた手法（各段階ごとに冷えていく複雑な蒸発のカスケード）を説明する手紙を書記が読み上げ始めたとき、カイユテが呆然としていたことは想像に難くない。ここへ来てカイユテは、自分が先に発見したことを主張したが、それには発表まで二二日待っていた理由を説明する必要があった。カイユテにとっては幸いにも、大発見の当日書いた手紙は日付を入れて封印されており、それがピクテでなくカイユテが液体酸素のしずくの発見者であることの十分な証拠となった。

カイユテはこれに懲りて、二度と時間を無駄にしなかった。大晦日に行われたアカデミーの次の会合で、カイユテは、窒素も液化したことを発表した。その沸点は酸素より少し低かった。カイユテの歴史上の地位は保たれた。

ピクテとカイユテの手法はいずれもわずかな量の液体しか作れなかった。求められたのは工業的プロセスであり、それこそがカール・フォン・リンデが研究していたものだった。

カール・リンデにはすでに触れている。一八七〇年代初めに産業用冷蔵庫に革命を起こしたのは、そのアンモニア冷媒に関する研究であった。それに満足せず、ピクテとカイユテが発表するころには、リンデはすでに空気を液化するシステムを作り出す途中だった。

進歩的な人物だったリンデは、冷却技術を利用して空気から直接純粋な酸素と窒素を分離する方法を探していた。空気は七八パーセントが窒素、二一パーセントが酸素で、残り一パーセントのほとんどがアルゴン、わずかな二酸化炭素、ごく微量のネオンと類似の気体からできている。こうした気体の一つひとつは、特定の温度で沸騰して液体空気から抜けるので、別々に集めることができる。アルコールの蒸留のようなものだが、熱ではなく低温を使うのだ。

一八九五年、リンデはこのプロセスの特許をウィリアム・ハンプソンと同時に取得した。ハンプソンはほぼ同じシステムをイングランドで独自に思いついていた。

このいわゆるハンプソン＝リンデ・サイクルは再生冷却法を使う。つまり、冷蔵室を冷やしたり氷を作ったりする代わりに、作り出した低温は冷媒をさらに冷やすのに使われるのだ。使う冷媒は空気そのもので、まずポンプで圧縮するところから始まる。これはシステムにエネルギーを与え、空気を暖める。次に、圧縮空気はラジエーターを通され、ここで圧縮の時に受けた熱の一部を発散する。ここから空気は熱交換器（レキュペレーター）の中を循環する。レキュペレーターは単に吸入管が排出管のまわりにきっちりと巻き付いているものだ。これについてはすぐあとで触れるが、最初の通過では大したことはしない。

レキュペレーターの反対側には弁があり、圧縮空気はここから膨張室に噴射される。普通の冷蔵庫と同じように、その結果温度が下がる。しかし、現代の冷蔵庫が五気圧程度の圧力で作動するのに対し、空気液化装置は少なくとも一〇倍高い圧力で作動する。空気は理想的な冷媒ではないので、膨張時の大きな温度低下を確保するのに高圧が必要なのだ。

冷えた空気はさらに進み、レキュペレーターに向かう排出管に入る。この低温の膨張した空気が、いま吸入管を膨張弁へと進んでいる、圧縮された空気を冷やす。低温で膨張した空気はコンプレッサーに戻り、再度圧縮され、前のように少し温まる。しかし、気体全体は最初より約一〇～二〇℃温度が低い。循環するごとに気体の温度は下がり、十分に冷えると膨張室の中で液化し始める。この液体空気はもはやサイクルには加わらず、空気が冷えるにしたがって溜まっていく。コンプレッサーの弁は新しい空気を装置に取り込み、中を流れる気体が液化で減った分を埋め合わせる。

それから液体空気は取り出され、再び温まるに任される。このプロセスを精留と呼び、まさにこの時点で空気を構成する気体が別々に集められるのだ。

リンデがこのプロセス全体を商業的に運用できるようになるまでに、一九〇〇年代初頭までかかり、そしてそれは、純酸素（と空気中の他の貴ガス）を分離して液体窒素を作る手法の主力として、今日なお使われている。リンデの会社は今も世界有数のガス生産者だ。

産業応用の問題の解決が進む一方、利益目的にわずらわされない科学者たちは、これまで不可能だった低温を得られるチャンスとして、このプロセスに飛びついた。サイクルを何度も繰り返すと、冷媒の温度はどんどん下がり続けた。どこまで下がるのだろう？

探究の先頭に立っていたのはジェームズ・デュワー、野心にあふれるスコットランドの研究者で、ハンプソン＝リンデ・サイクルを使って水素山に登頂することを目標にしていた。水素はもっとも単純で、もっとも軽く、もっとも原始的な気体だった。これを液化できれば、すごいことになるだろうとデュワーは確信していた――科学にとっても、自分にとっても。

デュワーはハンプソン＝リンデ液化装置をロンドンの王立研究所に作らせた。彼はそこに自分独自の発明品、真空フラスコを加えた。その功績を讃えてデュワー瓶とも呼ばれているものだ。デュワー瓶の第一号は一八九二年に製作されていた。それは実際に二つのフラスコで、一つがもう一つの中に収まり、内側のものは首のところで外側のものと溶着されている。こうすることで二つのフラスコのあいだに密閉された空間ができる。ここを真空ポンプで真空にする。この真空ジャケットは完壁に近い断熱材となる。フラスコに入れたものは何でも、熱いものであれ冷たいものであれ、温度が一定に保たれる。デュワー瓶は温かいコーヒーを職場に持っていくのにも、液体窒素をマイナス二〇〇℃で貯蔵するのにも使えるだろう。どちらにも同じようにはたらくのだ。

デュワーの計画は、自分の装置で気体を順番に連続して液化することだった。最初のものは比較的高い温度で液化し、次の気体の液化を促す冷却剤として使われる（デュワー瓶に入れて）。やがてデュワーは、水素の液化に使えるほど低温の液体を作り出した。この最終段階はカイユテが使った手法のあとに行われる。水素は一八〇気圧という途方もない圧力に圧縮されてから液体窒素で冷やされる。それから圧縮された気体は収集室で減圧される。その結果、水素の凝集点マイナス二五二℃を下回る温度低下が起きる。

しかし、デュワーには競争相手がいた。ヘイケ・カマリン・オンネスというオランダ人だ。デュワーが自分の探究を好んで最高峰への登頂競争にたとえたのに対して、オンネスは別の地理的なメタファーを使った。「物理学の北極圏は、極北と極南の地が探検者を駆り立てるように実験者を駆り立てる」。低温物理学はオランダ科学の領土だとオンネスは考えていた。オランダの探検家は北極進出のさきがけであり、ファン・マルムは初めて気体を液化した。オンネス率いる研究班は、次の大きな一歩を踏み出そうとしていた。

オンネスが静かな自信を抱いて前進する一方、デュワーは自分の装置を限界まで――そしてたびたび限界を超えて――フル回転させていた。数人の助手が事故で負傷した。極度の低温でもろくなった鉄が割れ、高圧ガスが爆発的勢いで噴出したのだ。もっとも忠実な技術者、ロバート・レノックスは、特に激烈な事故で片目を失った。デュワーは、競争に勝つためなら、自他の危険をいとわなかった。そして一八九八年、疲れ果てた研究班をゴールまで導いた。デュワーは液体水素を作り出した。最後まで残ったファラデーの永久気体が、機械の力と冒険的な行動と、ちょっとした創意工夫によって征服されたのだ。

王立研究所会員の多分に漏れず、デュワーは自分が作った液体水素を公開実験で披露した。それがどれくらい冷たいかを示すために、デュワーは液体酸素が入った管を浸した。それはかちかちに凍った。コルクを液体に落とすと、軽いコルクが浮かぶことなく鉛の固まりのようにまっすぐ沈んだ。液体になっても、水素の密度はやはり非常に小さかったのだ。それでも液体水素の化学的性質は変わらず、ごく小さなしずくでも火をつけると、特徴的な黄色い炎を噴き上げた。

デュワーは世界の歴史上もっとも冷たい液体を作った。そして翌年、さらに記録を更新し、絶対零度からほんの十数度上のマイナス二五九℃で水素を凍らせた。デュワーは、この白い薄片がこの世でもっとも冷たいものだと確信していた。そして、最初にそこに到達した人間として、歴史に名を残すはずだった。

だが、そうはならなかった。ゴールが動いたのだ。

ロンドンにあるデュワーの研究所の隣で、二人の科学者が新種の目立たない気体、現在貴ガスとして知られるものを研究していた。ジョン・ウィリアム・ストラット（レイリー卿のほうが通りがいい）とウィリアム・ラムゼーはそれまでにアルゴン、クリプトン、ネオン、キセノン、ヘリウムを発見していた。これらが貴ガスと呼ばれるのは、普通の気体と交わらないからだ。これらは何とも反応せず、そのためこれまで認識されずにきていた。アルゴンは実は空気中に三番目に多い成分だが、一パーセントにも満たないので見過ごされやすかった。ヘリウムは一八六八年に、太陽から来る光の色を証拠として初めて確認されたが、一八九五年にはラムゼーが、放射性の岩石を使った実験で、ごく少量の分離に成功している。ヘリウムは水素より四倍重いものの、沸点がマイナス二六九℃である――そして融点が絶対零度より低い――ことが、一八九九年には明らかにされていた。

デュワーは低温の深奥まで届いてなどいなかったようだ。しかしデュワーは、新たな挑戦にすぐにでも取りかかるつもりだった。ヘリウムが手に入りさえすれば。ヘリウムは水素よりはるかに入手困難であり、ラムゼーとレイリー卿は、高慢なデュワーに希少なヘリウムを分けてやる気はなかった。

疲れ切り、エゴに突き動かされたデュワーの研究所には荷が重すぎた。貴重なヘリウムは失われ、口論は絶えず、進捗は遅かった。オンネスがいるライデンでは、ゆっくりとした計画的なやり方が実を結び始めていた。新しいヘリウム源が油井や鉱山で見つかり、着ている揃いの作業服から「ブルーボーイズ」の名で知られるオンネスの実験装置製作班は、新しい気体を液化する機械を作り始めていた。準備が整ったのは一九〇八年のことだった。実験は七月一〇日の早朝に始まった。数時間にわたって集中作業が続き、調子を見ながら機械を動かしていると、プロセスが止まったかに思われた。温度が下がらなくなった。オンネスたちは不安になった。手伝いに来た同僚が、止まったのはオンネスが知らないうちに成功していたからではないかと言った。

ライトで集気瓶が照らされた。まばゆい電灯の光の中に、少量の液体ヘリウムがあった。宇宙はわずかに冷たくなった――外宇宙でさえオンネスのヘリウムのサンプルよりは温かいのだ。
デュワーは、自分が大胆不敵にも水素を手なずけたことで大きな称賛が、おそらくノーベル賞さえあるものと期待していた（もっともその望みは薄かった。デュワーは一八九〇年代に、アルフレッド・ノーベルと爆薬の発明で特許紛争を起こしていた）。結局、物理学の究極の栄誉を手にしたのは、デュワーではなくオンネスだった。だが例によって、次の大発見はすぐそこまで来ていた。

科学の常として、水素とヘリウムを液化できるようになると、実験者に歩むべき新たな道が開かれた。ラムゼーは、空気中にごくわずかしか存在しないまれな貴ガスを分離する競争で、液体水素を冷却剤として使った。また、オンネスは、ヘリウム液化技術を完成させるとそれを使って他のさまざまな物質を冷却し、絶対零度手前の極低温での反応を調べた。
オンネスは白金から始め、次に金、そして一九一一年には水銀がリストの冒頭に加えられた。水銀は、常温では液体という実に奇妙な金属だ。マイナス三九℃でそれは凍り、他の多くの金属と同じように銀白色に輝く固体になる。この金属が冷たくなると電磁特性に何が起きるかを、オンネスは知りたいと思った。低温下で磁界の効果が強まり、その効果は金属だけに留まらないことは知られていた。酸素でさえある種の磁性を示し、それは液化したときもっとも顕著だった。伝導性、つまり物質が電流を運ぶ能力はどうだろうか？

超伝導、超流動、ボース＝アインシュタイン凝縮

伝導性を反対から計測したものが電気抵抗、つまり物質が電流の通過を妨げる能力だ。金属は、硫黄、ガラス、プラスチックのような非金属よりも抵抗が小さい。水銀は他の金属に比べると電気抵抗がかなり大きいが、マイナス二二九℃以下に冷やすとその抵抗が小さくなり始めることをオンネスは発見した。マイナス二六七℃では抵抗が完全になくなった。

オンネスはこの現象の名前を考え出した。超伝導だ。

電気抵抗は電機部品に熱を持たせる。導体は電流が妨げられずに伝わることを許さない。その原子や分子がある程度邪魔をする。その結果、電流が運んでいるエネルギーのいくぶんかが失われ、熱として漏れ出す。超伝導体は抵抗がまったくなく、したがって電流はエネルギーのロスなしで伝わることができる。

一九八〇年代にいわゆる高温超伝導体が、セラミックに近い複雑な結晶からなる材料から開発された。それらは、超伝導が最初に見つかった極低温の文脈の中で「高温」というにすぎない。もし九〇Kすなわちマイナス一八三℃で超伝導体であるものがあれば、それは高温で機能している。温かいとは言えないが、この温度は液体窒素の作用範囲に入っている。それはこの種の物質にとって比較的安価で安全な冷却材だ。超伝導体が磁石の上に魔法のように浮いていたり、円形の軌道上を車輪もないのにびゅんびゅん回っていたりする映像を、私たちはみな見ている。超伝導体は一九一一年には明らかにサイエンスフィクションの産物であり、今日なおそのようなものとして考えられている。しかし私たちはそれを大いに利用している。地元の病院にある画像診断装置にも、それは入っており、大学には明らかに大量にある。上海国際空港から中心街まで鉄道を使えば、超伝導で浮上する列車で道中ずっと浮いていること

になる。

しかし、オンネスをはじめ誰もが、自分たちの発見にすっかり途方に暮れていた。ましてそれをどう利用するかなど、さっぱり思いつかなかった。水銀の実験のあいだ、オンネスは液体ヘリウムの温度を〇・九Kまで下げた。この温度でこの物質は別の不思議な性質を帯びる。超流動だ。

超流動は一九三七年にロシアと英国で個別に研究を行っていた研究チームにより、ついに観察された。超伝導体の電気抵抗がゼロであるように、超流体は粘性がゼロである。粘性は液体の――あるいは気体の――流れの変えにくさの単位だ。糖蜜は粘性の高い液体の典型例だ。流れることは流れるが、時間がかかる。水は粘性が低い。この上なく流れ落ち、跳ね上がる。だが水も保持しておくのは容易だ。バケツに入れておけばいい。そうすればどこにも出ていかない。超流体はそうはいかない。約二K以下の液体ヘリウムは容器から逃げ出し始めるのだ。重力を無視するかのように、それは容器の内壁をはい上がり、縁から垂れ落ちる。一九三八年、超流体の発見者の一人であるジョン・アレンは、永久噴水の製作に成功した。超流体はノズルから空中に噴き出し、再び落ちて元に戻り、また噴き出す。ポンプもモーターも要らない。これは一種の永久運動機関だ。動かすために、世界でもっとも進んだもっとも高価な冷蔵庫が必要だという点を無視すればだが。

一九三〇年代半ばには、物理学でこの超低温が引き起こす超現象を説明できるようになっていた。当時は量子物理学の時代だった。それは、旧来のいかなる意味でもあまりに小さすぎて観察できない、信じがたい実在によって、自然を記述し始めた。量子レベルでは、飛び回る小さな球として粒子を考えることができない。それらは波動のような塊で、あらゆるものが偶然にゆだねられている。ある粒子の性質をすべて一度に測定することはできない。むしろ、それは確率的に何かであったり、また別の何かであったりする。どちらもありうることで、粒子が私たちの住むマクロスケールの世界を作り出すために作用し合うとき、それが何をするか間違いなく予測するのは不可能だ。科学は原因が結果を生むことを頼りにしてきた。量子物理学は、そのつながりを覆い隠し、研究者は今もその覆いの中を覗き見ようとしている。

それでも、極低温は、ヒューマンスケールで量子領域の観察をする機会を生み出していた。超伝導と超流動は量子効果であり、そこでは原子が、水銀であれヘリウムであれ何であれ、不連続単位であることをやめているのだ。代わりに絶対零度の間際では、物質は量子波形のように作用し始め、混ざり合って、そのような驚くべき現象を生じさせる。量子物理学は今、極低温の新たな研究目標を提示しており、それは興味深いことにボース＝アインシュタイン凝縮と名付けられている。

そろそろアルベルト・アインシュタインが登場してもいいころだろう。アインシュタインは空間と時間に対するわれわれの見方を変えたこと、最大スケールにおける重力の本当のはたらきを説明したことでもっとも有名だが、それ以外にも関心を抱いていた。その一つがアインシュタインの富を築いたのかもしれない。新型冷蔵庫の発明だ。ハンガリー人のレオ・シラードと共同で、アインシュタインは一九二六年の設計で特許を取得した。これは冷蔵装置に超高効率、完全な静音、そしてもっとも重要な点として完璧な安全性（初期の冷蔵庫からは時々有毒な煙が漏れ出た）を約束するものだった。シラードは決してアインシュタインのモチベーションの足を引っ張っていたわけではない。シラードこそ核分裂がいかに連鎖反応を起こすかを解明した人物であり、一九三九年、アインシュタインにフランクリン・

D・ルーズベルト大統領に対して核兵器開発のロビイングをやらせたのも彼だ。それがのちにマンハッタン計画、日本の降伏、冷戦へとつながった。歴史が彼らをどのように裁くにせよ、新米冷蔵庫セールスマンがこれほどの影響力を持ったことはない。

アインシュタイン＝シラード冷蔵庫はかなり複雑だった——結局複雑すぎて、もっと単純な圧縮機構を持つモデルと競争にならず、そのおかげでアインシュタインは本業に専念できたのだ。

その二年前の一九二四年、アインシュタインは、サティエンドラ・ナート・ボースというインドの物理学者から一編の論文を受け取った。論文には光子（光やその他の形の放射を運ぶ粒子）を記述する方法が提示されていた。アインシュタインは感銘を受け、自分の影響力を使ってボースの論文を出版させた。それからこの研究を、より広範囲な量子粒子群が含まれるように拡張した。この粒子の一族は、ボースにちなんでボソンの名で知られるようになった。読者も少なくとも一つのボソン——ヒッグス——は聞いたことがあるだろう。ボソンは宇宙を押したり引いたりするものだ。それはあらゆるものを結合させる（またはばらばらにしておく）基本的な力を媒介する。光子は電気、光、磁気の媒介粒子である。グルーオンは原子核をまとめている。WおよびZ粒子は放射性崩壊のあいだにはたらく（重力は重力子というボソンを利用していると言われているが、見つけた者はいない。それは文字通りどこにでも存在するので、分離するのは至難の業なのだ）。

またアインシュタインは、ある種の原子、たとえばヘリウムの主要な同位体のヘリウム4は、十分に冷却されていさえすれば、ボソンのようにもふるまうことを明らかにした。そのためには、原子を絶対零度の一七〇〇億分の一度上まで冷やしてやらねばならない。しかしそれができたとすれば、まったく新しい物質の状態を作り出すことになる——ボース＝アインシュタイン凝縮、固体でも液体でも気体でもプラズマでもなく、宇宙の歴史の中でこれまで存在したことのない状態だ。そしてそれが何をもたらすのか、誰にもはっきりとはわからなかった。

ボース＝アインシュタイン凝縮を作るのはきわめて困難であり、実現にはさらに七〇年を要した。そのあいだにさまざまなものが発明される必要があった。おそらくもっとも重要なものがレーザーの発達だった。自然の光は多くの色がごたまぜに絡みあったものだが、レーザー光線は単一の色、すなわち波長だけを含むように作ることができる。はるか彼方の銀河で、一九七〇年代後半から八〇年代前半、ルーク・スカイウォーカー、ハン・ソロら『スターウォーズ』の登場人物たちは、めまぐるしくレーザー光線を撃ちまくり、当たったものは穴があいて煙が上がった。われわれはそういうものだと思うようになった。レーザーはものを熱くするのだと。しかし同じころ、スティーブン・チューというアメリカの研究者は、気体の原子をレーザーで冷やす方法を思いついていた。

原子は光子――この文脈ではまた光の粒子をこう呼んでいる――を吸収、放出し、原子の種類に応じて特定の波長の光子だけに反応する。だからレーザーを適切な波長で照射すれば、レーザービームの光子は原子に当たり、吸収され、それから放出される。衝突するとき、原子が光子に向かって動いていれば、レーザーは原子をだまして、取り込んだ以上のエネルギーを放出させる。その結果原子は減速する。言い換えれば、冷たくなるのだ。

マサチューセッツ工科大学（ＭＩＴ）の研究班はこの技術を使って、過去最低の温度まで気体を冷却しようとした。旧来の機械的冷却装置は、絶対零度に近づくこともできなかった。近づけば近づくほど、次の段階に移るのにより大きな労力が必要になる。実際に絶対零度に達することは不可能だ。より小さな量の熱を抽出するのに無限の時間がかかるようになるのだ。そこに到達することはないが、レーザー冷却ならきわめて近くまで行ける可能性がある。

レーザー冷却はまるっきりの出たとこ勝負だ。原子のいくつかは減速して冷えるが、それ以外は影響を受けない。そこで第二の装置が必要になる。これが磁気トラップ、気体サンプルをボウルのように取り囲む磁場だ。トラップは一種の蒸発冷却を可能にする、とは言えこれは四〇〇〇年前にエジプトの奴隷が毎晩屋根の上で行っていた方法とは、何光年もの距離がある。

レーザー冷却と磁気トラップにより、ついにボース＝アインシュタイン凝縮の可能性が開かれた。最初の挑戦はレーザー研究のパイオニアであるMITのダニエル・クレップナーの指導で行われた。実験材料には水素を使うことになった。進捗は当然ながら遅かった。必要なさまざまな機器を製作し、改良するのに数年を要した。デュワーとオンネスのときのように、他に競争相手も参入してきた。

すべての原子でボース＝アインシュタイン凝縮が起きるわけではない。ヘリウム4では起きる。水素でも同様だ。少なくとも理論的には起こりうる原子が、他にも多数ある。一般的には、軽い原子ほど起こりやすいと認識されている。コロラド大学（ボールダー）のエリック・コーネルとカール・ワイマンは、原子の重さが水素の五五倍ある金属のルビジウムで、このプロセスを試すことにした。

一九九五年、二人は成功した。彼らはルビジウムを気化させ、気体を磁気トラップに閉じこめた。レーザーで冷却された原子は、磁場の「ボウル」の外に飛び出すエネルギーを持たなかった。飛び出すエネルギーを持った原子は蒸発し、残りはより冷たくなった。試料が冷えるにつれ、体積も減る。問題は、温度が臨界レベルに達したとき、何かが残っているかどうかだ。

磁気トラップは、もっとも冷たい原子だけが一番底に沈むまで、徐々に収縮する。ルビジウムが臨界温度の一七〇ナノケルビン（絶対零度の一七〇〇億分の一度上）に達したとき、約二〇〇〇個しか原子は残っていなかった。だがそれで十分だった。宇宙の歴史上初めてのボース＝アインシュタイン凝縮が、コロラドで起きたのだ。

凝縮するにつれて、ルビジウム原子はその固有の特性を失い、科学者が今も理解しようとしている量子物質の単一の塊としてふるまい始めた。

さて、次に何が起こるだろう？　ボース＝アインシュタイン凝縮は未来の機械に取り入れられるだろうが、すでに極低温の科学は世界を変えている。食品関係ではない――低温技術は、もっとも意外なところで動いているのだ。

第11章 拡張する低温技術

トースターと冷蔵庫を一体化することはできるけれど、そんなものを喜ぶユーザーはたぶんいない。

ティム・クック、二〇一二年

エアコンから水爆まで

冷蔵庫が冷蔵庫でないのはいつか？　はっきりしている答えは、それがエアコンのときだが、落ちとしては少々弱い。冷蔵庫はガス工場、ロケットエンジン、サーバファーム、水爆にだってなれる。穴を掘り、ダムを作り、亜原子粒子を追跡し、脳の画像を撮り、世界の半分に食料を与える（やはり食品を冷やすわけではない）のに使われる。これが見えない低温だ。静かに、誇示することなく、低温技術は近代文明の機能に深く根付いている。

アメリカの家庭では、冷却が総エネルギー消費量の三分の一を吸収している。だがその大部分は、食品ではなく空気を冷やすためだ。一見したところ、エアコンは家の中から熱い空気を押し出して、外の冷たい空気を吸い込んでいるように思えるかもしれない。実際はもう少し複雑で、はるかに効率がいい。本質的には、エアコンは冷蔵庫のように機能している。その中にはコンプレッサー、膨張弁、二つの熱交換器がある。違いは、冷やすものが冷蔵室ではなく、家本体から引き込んだ気流であることだ。この空気は冷却コイルに導かれ、それなりに冷やされてから部屋に押し戻される。放熱コイル、つまり機械の熱い側は屋外――多くは外壁の上にある――につながっており、外気の気流を温めて、屋内から抽出した熱を放出する。

この種のエアコンディショナーは、ほとんど偶然の産物だった。一九〇二年のある暑苦しい晩、ウィリス・キャリアという若い技術者が、ブルックリンの印刷所で発生した問題を解決するために呼ばれた。インクが乾かない、少なくとも乾きが遅いというもので、要するに屋内の湿度が高すぎたのだ。刷り上がりがこすれて読めなくなるのを防ぐため、キャリアが取った解決策は、印刷所の蒸し暑い空気を乾燥させる機械を製作するというものだった。これは空気を冷却装置で冷やし、空気中の湿気を凝結させて水にすることで実現された。この除湿器は決して小さなものではなかったが、役には立った。それは同時に空気を冷やし、巨大な印刷機を操作する労働者から涼しいと歓迎された。じめじめと不快だった印刷所は、むしろ夏の暑い日には快適な場所となった。二〇年のうちにキャリアの冷却機は、他の産業現場でも一般的になっていた。すぐに誰もがエアコンを欲しがるようになった。

家庭用エアコンの使用は、機械式冷蔵の発達と同調して進んだ。一対の技術はまず亜熱帯アメリカ、南カリフォルニアの砂漠からフロリダの湿地まで続くいわゆるサン・ベルトに居場所を見つけた。一九六〇年以降、主にエアコンが安価に手に入りやすかったのが理由で、この灼熱の一帯では人口が増加傾向にあった。エアコンがこの地での生活の質を、何とか我慢できる程度のものから、積極的に好ましいものへと変えたのだ。

エアコンはもう一つのアメリカの発明品、超高層ビルの必需品だ。超高層ビルの窓は、何か不幸な出来事があった人が身を投げるのを防ぐために、開かないようになっているとよく言われる。本当の理由は、窓を開けるとビル全体の空調が乱されるからだ。高層ビルのフロアスペースは、たいてい窓からはかなり離れていて、外からの涼しい風がまったく受けられない。代わりにビル内のすべての気流は、通常地下にある機械室に置かれたＨＶＡＣ（Heating, Ventilation and Air Conditioning：暖房、換気、空調）システムで管理される。建物の日が当たる側で多くの窓が開けられると、暖かい空気が流れ込み、奥の方にあるスペースの多くは耐えがたいほど暑くなる。

全体としてみると、アメリカの建築物――郊外の普通の家から最先端工業地域の大聖堂のような建物まで――の三分の二は空調設備を備えている。そのすべてを冷やすために、アメリカ国内で発電される電力の五パーセントが使われ、その額は一年間で一一〇億ドルに達する。

これはあまりに単純すぎる認識かもしれないが、考えてみる価値はある。エアコンは一年でもっとも暑い時期に――ところによってはそれが一年中続く――空気を冷やすように設計されている。しかし、そのためにエアコンは、大気中の二酸化炭素発生源としては、少なくとも消費電力によれば、トップクラスとなっている。平均的な家庭用エアコンは、毎年二トンの二酸化炭素を世界の総排出量に加える。アメリカだけで五〇〇〇万台のエアコンがあり、それは決してアメリカだけの問題ではない。オーストラリア、ペルシア湾岸諸国、インド、中国、すべてエアコンを使う習慣があり、その他多くの国々も負けず劣らずだ。少々雑な結論かもしれないが、そうした空気を冷やす行為すべてが空気を温めているのだ。

もう一つ方法がある。たぶんペルシアの技術に敬意を表してシャベスタンとかバードギールと呼ばれるべきものだが、蒸発冷却器と呼ぶほうが通りがいい。これは古風な空気冷却方法を現代的に解釈したものである。この冷却器が本当に機能するのは乾燥した気候、冷たい空気の噴流を作り出すために乾いた風が利用できる場合だけだ。蒸発冷却器は側面が開いた箱で、屋根の上かどこか建物の高いところに設置される。箱は羊毛のパッドで内張りされ、常に水で濡れている。この水は外から吹き寄せる熱い空気に当たって蒸発する。蒸発により熱の一部が空気から奪われ、冷却箱の中に冷たく湿った空気溜まりができる。扇風機でこの冷気を屋内に下ろし、中に溜まった熱気を追い出す。

この冷却メカニズムは自然の作用を利用し、冷却器は小さなウォーターポンプと送風機を動かすためのわずかな電力しか消費しない。蒸発冷却器はエアコンを動かすより確実に安上がりである。これは、近代的建築設計に取り入れられつつある、環境に優しい発展途上の冷房技術の一つだ。

データセンター、別名サーバファームほど近代的な建築物もそうはないだろう。これは、政府やグーグル、フェイスブック、アマゾンなどのようなハイテク大企業が運営するデータ処理能力の詰まった倉庫だ。サーバは、個々の機械からアクセスする情報を蓄積した、裏方のコンピューターだ。「クラウド」のほうが聞こえはいいが、実はオンラインにある画像や文書は、「物置」に収納されていると言ったほうが適切だ。この技術の粋を集めた物置は極度に熱くなる。グーグルだけで全世界に一〇〇万近いサーバを配置している。それぞれのサーバは大量のエネルギー――大規模なデータセンターは人口八万人の街と同じ電力を使う――を吸い上げ、コンピューターは、世界のためにはたらくとき、大量の熱を排出する。

データセンターは巨大なエアコンディショナーで冷やされることもあるが、期待にたがわず、テクノロジー大手は自分たちのクールな技術を冷やしておくとなると、もう少し独創的だ。パーソナルコンピューターではあまりうまくいきそうにないこと、つまりサーバを液体に漬けるということをしているのだ。サーバには回るファンがなく、ハードディスクは厳重に防水されている。それ以外のものはすべて、油に浸っていて、その油はポンプで循環され、熱を取り去っている。グーグルは油の代わりに廃水を使って同じことをしているようだ。一方フェイスブックは、もっと自然な方法を採っている。そのヨーロッパのデータセンターは、スウェーデンの北極圏からすぐ南にある。必要とされる膨大なエネルギーは、近くを流れる川のダムから送電され、平均気温は〇℃前後なので、外気を入れてやるだけで屋内の設備を十分に冷やすことができる。要するに窓を開けておくのだ。

エアコンが原因の汚染を減らせるようになるにはまだ道は遠く、その環境破壊への懸念は軽視できない。しかし、冷却が持つ力のはるかにぞっとするような実例があった。冷却技術は史上最大級の爆発を引き起こすのに使われたのだ。最初の水爆に。

水爆の水は水素の水だが、キャベンディッシュが火をつけたりデュワーが液化したりした普通のものとは違う。それは、重水素や三重水素と呼ばれる重い同位体の混合物だ。アイビー・マイクというのが初の水爆実験の暗号名で、一九五二年一一月一日に太平洋のエニウェトク環礁で行われた。これは核兵器だったが、核分裂を利用するだけでなく、爆発力を高めるために核融合も使っていた。とは言え、『スタートレック』に登場するような完全な核融合爆弾ではない。幸いにしてそのようなものは、まだSFだ。アイビー・マイクは初の熱核兵器、核分裂と核融合の両方を利用して地球の一角を完膚無きまでに消し去るものだった。

それは実際には三種類の爆弾をひとまとめにしたものだ。通常の高性能爆薬が爆発して、濃縮ウランの弾頭の中心に向けて集中する力を生む。この圧力で核分裂の連鎖反応が（ちょうど長崎のファットマン原爆のように）始まり、この核分裂が、重水素原子を融合させるのに必要な大きな熱と圧力を作り出し、地球上で過去最大の人工的爆発力を解放した（核融合は恒星のエネルギー源となる強力なものだ）。爆弾の準備をするとき、内部の水素「核融合燃料」は巨大な極低温装置（それ自体で一八トンある）を使って液化される。アイビー・マイクは組み立てに数週間を要し、そのため即応兵器としては理想的とは言えなかった。これに代えてアメリカは、マーク一六核爆弾の名で知られる、一種の爆発する放射性物質入りの魔法瓶を配備した。これは爆撃機で運べるほど小型になった。アイビー・マイクの極低温冷却装置は、液体重水素を満たしたデュワー瓶に変更された。命令があれば、投下に先立ちそれを使って爆弾へ充填する。一九五四年に愚行はエスカレートした。わずか六メガトンのマーク一六は一五メガトンのマーク一七に置き換えられたのだ。これは放射性リチウムでできた乾式核融合燃料を使っており、冷却を必要としなかった。

気体の液化が工業規模で可能になったことで利益を受けたのは、軍拡競争だけではない。ありがたいことに、人類の半分を消し去る代わりに、人類の半分は現在、冷却技術に頼って生きていると歴史は物語っている。

ドイツの化学者フリッツ・ハーバーは、毀誉褒貶《きよほうへん》の激しい人物だ。ハーバーは空気中の窒素を抽出する方法を発明し、それは世界をさまざまな形で変えた。世界人口を優に数十億人にまで急増させただけでなく、それまでにない規模で爆発物を作ることを可能にしたのだ。その二つは両立しないものではない。

窒素は空気中にもっとも多い気体だ。それはあらゆる生命体がタンパク質を合成するのに欠かせないものだが、手に入れるのがきわめて難しい。自然界は、土壌中の原始的で不思議な細菌が絡む複雑なサイクルを通じて、この気体を空気中から「固定」する。このような細菌は窒素化合物を植物が――さらに植物性食品を通じてわれわれや自然界の他のすべてが――利用できる形にする。

畜糞、下肥、グアノのような天然肥料――呼び方はどうあれ、基本的に同じものだ――は、必要不可欠な窒素に富んでいる。だからこうしたものが作物の成長を助けるのだ。

世界を変えたハーバー法

一九〇〇年代には、英国の物理学者ウィリアム・クルックス（陰極線管の発明でよく知られている）が、人類はマルサス主義的未来に直面していると予言した。すぐに世界の人口は食料生産能力を超えて増大するだろう。必要なのは、自然の栄養循環がもたらす以上の養分を作物に与える、人工窒素源だった。採掘可能な窒素化合物の地質学的供給源はあったが、求められていたのは空気中の窒素を「固定」する工業的プロセスだった。一九〇八年には、フリッツ・ハーバーは実用的なものを開発していた。それは他人による多少の改良を要したが、今日一般にハーバー法と呼ばれている。

ハーバー法は窒素と水素の気体を混合して、安価な液体アンモニアを大量に製造するというものだ。それは触媒を使った複雑なもので、実際の反応は高温高圧下で起きる。だが、もっとも巧妙なのは、製造されたアンモニアをシステムから取り除くところだ。長く残っているとアンモニアは分解して原材料に戻ってしまう。機械的冷却をそのものとしては使わないが、ハーバー法はハンプソン＝リンデの空気液化装置のような一種のレキュペレーター、つまり再生冷却装置を利用する。

反応させる前に、原材料の気体から不純物を取り除かなければならないことに、ハーバーらは気づいた。浄化プロセスの中に、気体を水蒸気の中に通すというものがあり、これによって気体は冷やされる。なかなか巧妙なのは、この冷えた気体は工程のさらに先で反応中の熱い混合物を冷やすのに使われることだ。こうして内部で生成されたアンモニアは凝集して、扱いやすい液体として取り出せ、すると反応をフル回転で続行することができる。

毎年、一億三〇〇〇万トンを超えるアンモニアが、ハーバー法で製造されている。その中の一部は、産業用低温貯蔵庫や超高層ビルのＨＶＡＣシステムで、冷媒として使われている。しかしアンモニアの八五パーセントは、化学肥料の製造に使われる。一九六〇年代、国際連合が支援する緑の革命はハーバーの技術を世界中に広め、多くの開発途上国では飢餓は過去のものとなった。少なくとも三〇億人が、虚空から肥料を作り出すハーバーの技術のおかげで栽培された作物だけを食べていると推定される。この三〇億人は開発途上国に住んでいると考えていいだろうが、間違いなく先進国は、さらに長きにわたって化学肥料に頼っている。だから二日に一回くらい、私たち全員に、その三〇億人の一人になる番が回ってくるのだ。

世界の将来人口の半分を救ったことで、ハーバー法は文明に長期的な影響をもたらしたと言っても過言ではない。しかしそれは、ある短期的な影響ももたらしている。ハーバーの最初の工場は一九一一年に操業を開始した。そのアンモニアがなければ、ドイツは爆薬製造に使われる天然由来の硝酸塩を使い果たし（英国が南アフリカにある主要供給源を支配していた）、第一次世界大戦は数カ月しか続かなかっただろう。ハーバーは、一九一五年にイープルで撒かれた初の致死的化学兵器、塩素ガスの開発にも手を貸した。すでに述べたように、ハーバーは確かに世界に足跡を残したのだ。

ハーバー法で使われる水素は天然ガス、つまりメタン由来だ。メタン運搬の第一の経路はガス管だ。この有用なガスは、大陸間パイプラインで必要とされるところへ、ガスタービンエンジンの助けを借りて運ばれる。しかしパイプラインは、一般に大きな海まで来るとそこが終点になる。だから過去半世紀ほどのあいだに、新しい大洋横断ルートが開発された――浮かぶ冷蔵庫、またの名をＬＮＧ（液化天然ガス）タンカーがそれだ。ＬＮＧタンカーは新参者で、公海ではオイルタンカーに遠慮しながらガスをパイプラインの届かない顧客へと運んでいる。オイルタンカーの数は約八対一でＬＮＧタンカーに勝っているが、この比率は縮まりつつあるようだ。

天然ガスは、かつてのただの天然ガスではなく、液化天然ガスとして輸送される。マイナス一六二℃まで冷却してしまえば、この液体は気体の六〇〇分の一ほどしか体積がないからだ。ＬＮＧは陸上で冷やされ、出発前に巨大な断熱タンクにポンプで注入される――実際のプロセスは、低温の液体を大量に注ぎ込まれたタンクが衝撃でたわむのを止めるために、少々込み入っている。タンカーのエンジンはコンプレッサーを動かし、ＬＮＧを期間中ちょうどいい圧力に保つ。

船は、もっとも暑い海域を進みながら数週間海上にあることもあり、するといくら断熱材が分厚くても、それだけでタンクを冷たく保つには不十分だ。そのためＬＮＧタンカーは、自己冷却と呼ばれる現象を利用する。タンクはちょうど液体を沸点に維持するのに必要な圧力に保たれる。ＬＮＧの表面は常に蒸発して天然ガスになっている。この状態変化がそれ自体を冷やす効果を持つ。ＬＮＧが航海のあいだきわめて静かに沸いている状態を保つかぎり、タンクは自然に冷えるのだ。

目的地に着くと、ＬＮＧは通常、パイプライン網に入れられるように気体に戻されるが、液体のものも自動車用燃料として利用できる。ＬＮＧ燃料はガソリンやディーゼルよりクリーンだとされている。たちの悪い汚染物質があまり発生せず、二酸化炭素の放出量も少ないのだが、何でもたちまち凍らせるほど冷たい液体で車を走らせるのは、困難が伴う。

ハーバー法で使用されるもう一つの気体、窒素は、単に水素を空気中で燃焼させて分離される。水素は空気中の酸素すべてと結合して水蒸気となり、それを凝縮させると、ある程度純粋な窒素があとに残る。酸素の精製はもっと難しい。液化しなければならないのだ。前に述べたように、カール・リンデとウィリアム・ハンプソンが開発した空気液化装置で、空気はマイナス二〇〇℃まで冷却される。この温度で空気は液体になる。少しだけ温度を上げると、含まれている窒素が蒸発し（マイナス一九五℃あたり）、純粋な気体として集めることができる。次にアルゴンができ（マイナス一八五℃）、純粋な液体酸素（マイナス一八三℃で蒸発して気体になる）が残る。

気になる向きもあるかもしれないが、ごく少量の二酸化炭素や空気中の水蒸気は、初期の冷却プロセスで凍結し、すでに取り除かれているので、生成される気体は完全に乾燥している。

純粋窒素は洗浄済み生野菜の袋に入れられて、繊細な葉物が傷むのを防いでいる。酸素が多く入ると、葉物野菜は茶色く変色し、べとべとになる。窒素は航空機やレーシングカーのタイヤに入れる気体にも選ばれている。航空機の車輪は、巡航高度の低温状況でも適正な圧力を保たなければならない。タイヤに少しでも水蒸気が入っていると、飛行中に凍結してタイヤを弱くする。反対の理由で窒素はＦ１やチャンプカーのタイヤに用いられている――車がコース上で加減速しても、熱くなりすぎないのだ。

酸素は、はるかに反応性の高い物質であり、もっと大胆な目的で使われる。液化で製造される純酸素の半分は製鋼に用いられる。ガスのジェットは溶融した鉄とスラグの混合物に噴き込まれ、そうした余計な不純物を焼き尽くすのだ。この「酸素ランス」という工程がなければ、近代都市を支え、世界の河川に橋を渡し、最大の船を形作る強靭な鋼鉄は、それなりの大きさのものを作るためには途方もなく高価なものになっていただろう。そうしたものが作れるのは、ただ酸素が冷却装置から出てくるからだ——しかし、それだけではない。

世界の液体酸素の四分の一はプラスチックなどの人工素材を作るのに使われている（その多くは低温環境で製造する必要があるので、やはり低温技術の恩恵を受けている）。

冷却システムと液体燃料ロケット、MRI、リニアモーター

ダイバー、医師、消防士が使う空気タンクは、酸素と他の液化気体を厳密な割合で混合したもので満たした、デュワー瓶とほぼ同じものだ。そして残りの酸素の大半は、酸素がもっとも得意とする目的に使用される。ものを燃やすことにだ。酸素アセチレンカッターの超高温の炎は、冷却装置の中で生まれたものなのだ。大重量を打ち上げる世界中のロケットの燃料としてもそれは使われている。第二次世界大戦中のＶ２弾道ミサイルからサターンⅤ月ロケットまで、あらゆる液体燃料宇宙ロケットは、燃料を燃焼させるために液体酸素を利用する。もっとも高出力なもの、たとえば退役したスペースシャトルや、火星ミッションを想定して試験されているデルタⅣヘビーは、液体水素も積んでいる。

液体燃料は共に燃焼室内に噴射され、爆発的な推進力を生み出して、積み荷を軌道に持ち上げる。そうは見えないかもしれないが、発射台上の液体燃料ロケットは巨大な冷蔵車だ。燃料は液体状態を保つように冷却されていなければならない。エンジンで十分に素早く混ざり必要な爆発力を得るためだ。気

体が噴き出したのでは十分な推進力が得られない。

ロケット燃料の液体水素をタンクに満たすのはきわめて難しい。技術者はこの問題をBLEVE《ブリーブ》——Boiling Liquid Expanding Vapor Explosion（沸騰液膨張蒸気爆発）——と呼んでいる。語呂はいい。一般にこのトラブルには三つのEが関わっている。Evaporation（蒸発）、Expansion（膨張）、Explosion（爆発）だ。いずれも好ましくない状況であり、地上、空中、宇宙空間でそれぞれ異なる対応を要する。

液体水素は、沸騰して気体に戻るのを防ぐため、マイナス二五三℃以下に保たねばならない。気化すればロケット内部にとてつもない圧力が生じるのだ。燃料タンクは厳重に断熱されている。主に点火したロケットエンジンの熱に対してだが、宇宙空間でじかに受ける太陽熱に対してでもある。常に多少の水素ガスが蒸発しており、タンクはこれを安全に、爆発の危険がないように逃がさなければならない。この問題をさらに複雑にしているのは、液体水素が溶接した金属の継ぎ目から漏れる場合があることだ。だから極低温のロケット燃料タンクは、液体水素で風船か何かのように「膨らんで」いなければならない。タンクを構成するコルゲート鋼板（厚さ数ミリしかない）の継ぎ目は低温液体の大きな内圧できつく押しつけられ、漏れを防いでいる。

ロケットエンジンに点火すると、液体燃料はマイナス二五三℃ほどから三三一五℃まで、瞬く間に温度が上昇する。これほどの熱の放出が、エンジンの後部から排ガスの推進力を生み出すのだ。低温の燃料自体を利用する再生冷却システムが、極端な温度変化を和らげるために用いられる。そうしなければエンジン全体が燃え尽きてしまう危険性があるのだ。エンジンの燃焼室内で出会う前に、冷たい燃料は、後部にあるおなじみのノズルを含めたロケットエンジンの大半を覆うジャケットの中を圧送される。これがエンジンの構成部品が過剰に熱を持つのを防ぎ、同時に燃料を、ロケットの中心部で燃え尽きる前に温める。

液体空気から生まれるのは酸素と窒素だけではない。すでに述べたように、アルゴンは液体空気から放出され、空気中にごくわずかに含まれるあと二種の貴ガス、クリプトンとキセノンも、温度を下げる過程で液化されている。

空気はネオンとヘリウムの主要な源でもある。これらの気体は多くはない。原子一〇〇万個あたりそれぞれわずか八個と五個だが、どちらも非常に有用なので、空気を極低温まで冷やしてでも集める価値がある。

言うまでもなくネオンは、二〇世紀の大半、街を照らすネオン照明に使われていることで、もっともよく知られている。ネオン照明が初めて大規模に使われたのは、いかにも似つかわしく、光の都パリであった。推進の中心になったのはフランスの実業家ジョルジュ・クロードだった。クロードは、エア・リキードとふさわしく名付けられた自分が所有する空気液化事業の副産物の貴ガスを売る手段として、一九一〇年にネオン管を開発した（さもなければ当時は何の役にも立たなかった）。

ネオン管はガス放電管の一種で、管の中に密封された希薄な気体を、電流によって特有の色に光らせるものだ。実は、ネオンを封入した電灯は赤い光しか発さない。「ネオン」サインのその他の色は、他の気体が作り出すものだ。

貴ガスは一般には吸引しても無害だ。例外がアルゴンで、人間をかなり衰弱させる効果がある。キセノンはまれに吸入麻酔薬として使われることがある。ヘリウムにはさまざまな使い道があり、特に医療や潜水で呼吸ガスに混ぜて使われる。空気中の窒素の少なくとも一部をヘリウムに置き換えた混合気体は、呼吸障害のある患者が呼吸しやすく、水深四〇メートルより深く潜るダイバーにとってもより安全である。

同様の混合気体は、子どもの風船に詰めるガスに使われている。おそらく考えられる最低の温度近くで収集された物質の行き着く先が、漫画のキャラクターを模した風船で、世界中の幼児を楽しませたりだましたりするのだ。それはヘリウムの有用な使い方だという者もいるかもしれないが、それは知識層を動揺させている。二〇一二年、インペリアル・カレッジ・ロンドンのトム・ウェルトン教授は、われわれはヘリウムを使い果たそうとしており、五〇年以内に深刻な不足に見舞われるだろうと指摘した。教授はＢＢＣにこう語った。「ＭＲＩができるのは、非常に大きく非常に低温の磁石があるからだ――そしてそれがあるのは、ヘリウムで冷やすことができるからだ。足の指が痛いからとＭＲＩに入ったりはしない。これは重要なことだ。風船に入ったヘリウムが文字通り空に、そして宇宙に飛んでいってしまうのを見ると、大変にもどかしい。それはまるっきり間違ったヘリウムの使い方なのだ」。

気体の液化は単なる精製の手段ではない。それは世界最良の冷却剤としても使われているのだ。ＭＲＩ装置に使われるほか、液化ガスは体外受精、人命を救う医薬品、そして史上最大の科学実験をもたらしたのだ。

読者がＭＲＩ装置の中に寝ることになったことがあるとしたら、その人は生きている磁石と生きている無線送信機になったということだ――もっとも数分の一秒のあいだではあるが。ＭＲＩつまり核磁気共鳴画像法は、強力な磁場を人体内部に送る。そうするとスキャンする目標部位の分子が、方位磁石の針がすべて北を指すように、一方向を向く。磁気が少しずつ消えると、分子は元の向きに戻り、そのときかすかな電波を発する。まさにこの電波を拾って、体内のもろもろの画像を作り出すのだ。

こうしたことができるほど強力な磁場は、超伝導によって作られ、超伝導がはたらくには一〇K（マイナス二六三℃）以下にまで冷やす必要がある。温度を四Kほどまで下げる液体ヘリウムはこの目的にかなう。超低温の磁石は、ドーナツ型の冷却器の中で液体ヘリウムに浸かっている——本質的には高度なデュワー瓶だ。これは完全に密封され、しっかりと断熱されている必要がある。だから患者は機械のちょうど真ん中に入っていくのだが、これが不快だという人もいるようだ。

同じタイプの磁石はマグレブ鉄道（magnetic levitation：磁気浮上の略）に使われている。このような鉄道の発想はかなり古臭いが、より速くより良い交通の未来像であり続けている。回転式モーターで車輪を駆動して列車を走らせる代わりに、マグレブではリニアモーターというものを使う。列車の車両と線路には超電導磁石が備え付けられている。多分に漏れず、この磁石にも極性がある——一方の端がN極、もう一方はS極だ。これは、正反対のものは引かれ合い似たものは反発するという有名な規則を実証する。厳密に狙いを定めた反発磁力は、列車を地面から持ち上げる。それから、線路に沿った磁石の極性を、列車のものと同調させて切り替えると、磁力の波は列車を前へ動かす力を生じる。

車輪を持つ交通機関は、車輪と地面のあいだの摩擦に頼っている。摩擦は車輪の動きに抵抗し、それによって車輪は（そして乗り物は）前に動く。しかし、ここでの、あるいはそれ以外の可動部でも、摩擦は熱を生み、これが車輪で走る乗り物の速度と効率を制限する。マグレブは、未来から着いたばかりのチューブ列車のように線路の上に浮いているので、摩擦に邪魔されず、記録的スピードで飛ばすことができる。今までに達成された最高速度は時速五八一キロで、はっきり言って車輪で走る列車による速度記録よりほんのわずかに速いだけだ。

営業運転されているマグレブは少ない。静かで、今までのところ信頼性も高いのだが、建設費が法外なものにつく。本当に未来の交通が、世界有数の希少な物質で絶対零度近くまで冷やされた超伝導体の上に浮かぶ列車にかかっているのかどうかは、今のところまだわからない。

一方、素粒子物理学の未来が、極低温に冷やされた超伝導体の利用にかかっていることは明白だ。二〇〇八年、大型ハドロン衝突型加速器（ＬＨＣ）が完成した。フランスとスイスの国境地帯の地下に設置された粒子加速器だ。ＣＥＲＮ（欧州原子核研究機構）が運用するＬＨＣの機能は、他の多くの粒子加速器と同じだが、より大きく高性能だ。マグレブの線路にいくぶん似たそれは、超電導磁石の力場を利用して亜原子粒子のビームを制御する。どのタイプの亜原子粒子かと言えば、つまり大型ハドロンなわけだが、われわれの議論のためには、基本的には陽子だと思っておけばいい。だが建設費六〇億ポンドのこいつは、もっとすごいものを取り扱えるので安心していい。

二〇一三年、ＬＨＣは、物質に質量を与える粒子であるヒッグス粒子が存在する証拠を示した。質量は、物質を動かそうとする力に対し抵抗を生む性質であり、あらゆるものの作用においてきわめて基本的なものだ。だからヒッグスの発見は、科学における最高の瞬間に数えられるものだ。電子はガラスの真空管で発見され、陽子は印画紙と金箔を使って明らかにされ、相対性理論は日食の写真を使って確かめられたが、ヒッグス粒子は二七トンの超電導磁石を必要とした。地下に周囲二七キロメートルの環状に並べられた合計一六〇〇個の磁石は、すべて液体ヘリウムで一・九Ｋ（マイナス二七一・二五℃）まで冷やされている。ＬＨＣはこれまでに存在した最大の冷蔵庫なのだ。

ヒッグス粒子は、きわめて難解な電子技術を用いて検出された。初期の粒子加速器では、使われている検出器は泡箱と呼ばれていた——そしてやはりそれも冷蔵庫だった。

泡箱は、二〇世紀前半に粒子の検出装置として使われていた霧箱の改良品として、アメリカの物理学者ドナルド・グレーザーが一九五〇年代に発明した。霧箱はスコット・チャールズ・ウィルソンの発明だった。山歩きを愛好したウィルソンは、ベン・ネビス山近くの霧がかかった山でハイキングの最中に、それを思いついた。話によれば、グレーザーは冷えたビールの泡を見ているときに泡箱を思いついたという。

霧箱は粒子の軌跡を、露点に保たれた水蒸気中に（それが凝結して水滴になることで）現れる瞬間的な霧の筋として見せることができる。グレーザーの着想は、同じことを水槽の低温液体を使って行うというものだった。ビールから霊感を得たのはたぶん作り話だが、グレーザーが自分の発想を水槽の冷たいビールで試したと報告しているのは確かだ。液体水素を使うともっとうまくいくことにグレーザーは気づいた。粒子が箱に入ると、圧力が急激に下がり、液体が気体に変わる。その瞬間、粒子が泡の軌跡を液体の中に描き、それは霧箱の中の軌跡よりも容易に検知することができる。

フランスの物理学者シャルル・ペイルーは、このように述べている。「霧箱は淑女のようで、扱いがデリケートだ。だが泡箱は娼婦のようだ。誰にでも尽くしてくれる」。驚くまでもないが、彼らはこの検出装置をCERNでいくつも作った。その一つはビッグ・ヨーロピアン・バブル・チャンバーと呼ばれている。その名前には大型ハドロン衝突型加速器のような重厚さはないかもしれないが、この装置はあらゆるエキゾチック粒子を捉え、それがヒッグスの探究へと道を開いたのだ。

もし何かをものすごく冷たくする必要があるなら、ヘリウムが最高の冷却剤だ。それは不活性で、何ものとも反応しないからだ。しかしヘリウムは高価な物質だ。液体窒素の価格はヘリウムの二五〇分の一だ。やはりある程度不活性で、マイナス一九五℃という温度が十分に冷たければ、それで間に合う。液体窒素は低温学と呼ばれる科学、医学、工学分野の働き者だ。

医薬品、食品、凍土壁に使われる液体窒素

このような低温の物質を扱う上での通常の注意点さえ守れば、液体窒素は割合に無害だ。容器を腐食させず、食品にかかっても毒性がなく、浸ったものを化学的に変化させることもほとんどないからだ。しかし、純粋な窒素を吸い込むことは避けるべきだ。二〇一三年に開かれたメキシコのプールパーティは、液体窒素が危険なものになりうることを示している。

パーティはレオンで飲料メーカーの販促のために行われた。イベントのクライマックスでは、数十リットルの液体窒素がプールに注がれた。窒素は瞬時にして蒸発し、ドライアイスのように、低温蒸気が印象的な雲のエフェクトを生み、プール一面に立ちこめて客を楽しませた。ところが、雲が晴れだすと、きわめて異常な事態が明らかになった。パーティの主催者は、この出し物でプールが窒素――色も匂いもないが、致命的な気体――の層に分厚く覆われることをわかっていなかったのだ。プールの中にいた人たちは、程度の差こそあれ窒息状態になった。溺れかけて救助された人が数名おり、中の一人は脳のダメージがひどく、昏睡状態に陥った。

だが、液体窒素に救われる命は奪われる命よりも多い。それは災害地域に急送する食品や薬品の急速冷凍に使われているのだ。液体窒素で冷凍されて人生が始まった子どもを持つ親は、数多くいる。読者の中にもいるかもしれない。体外受精などの不妊治療に使われる精子、卵子、胚は液体窒素の中で保存

される。凍結と解凍のプロセスは、細胞に多少のリスクをもたらすが、いったん無事に凍結してしまえば、保存期間に制限はない。

液体窒素などの冷却剤は、極低温反応器に使われている。これによって現代の医薬品に要求される複雑な分子を、きわめて精密に製造することが可能になる。極低温を利用して製造される薬品の一つが、スタチンのリピトールだ。アトルバスタチンとも呼ばれるこの薬品は、一日に数百万錠が服用されているコレステロール抑制剤である。一九九六年から二〇一二年までに、この薬は一二五〇億ドル相当が販売され、全世界で空前のベストセラー薬となった。英国と米国では、八人に一人以上の人が、心血管系の健康維持のためにスタチン錠を飲んでいる。これもまた、低温の応用が目に見えない形で人命に影響していることの一例だ。

極低温は工学にも利用されている。液体窒素の冷却力を披露するために、科学デモンストレーションでよく行われる出し物に、ゴムボールを突っ込むというものがある。浸したゴムボールはがちがちに硬くなり、床に投げつけると弾むことなくガラスのように砕けてしまう。常温で軟らかくぺらぺらした素材が、極低温まで下げるとがっちり硬くなるのだ。つまり軟質プラスチックを大理石のように複雑な形に彫刻したり、すりつぶして超微細な粉末にしたりできるということだ。この技術は極低温研削の名で知られ、数百万分の一メートルという驚異の精密さで加工できる。遺伝子材料は、化石が岩盤から掘り出されるようにして、何と凍結した標本から削りだされている。

しかし、液体窒素やドライアイスのような寒剤の主な利用法は、はるかにありふれたもの、粉末スープ、インスタントコーヒー、スナック麺などだ。こうした食品は調理済みで、ただフリーズドライにより水が完全に取り除かれている。熱湯を注ぐと元の状態に近いものに戻る。たいていとても美味とは言いがたいが、この上なく便利であり、そのため料理を一から作る暇や手段のない兵士、宇宙飛行士、学生らには欠かせないものだ。

フリーズドライは一九四〇年代に、薬品や血液製剤を冷蔵の必要なく保存する方法として開発された。プロセスには何を乾燥させるかに応じて、相当な繊細さが必要とされるが、基本的には対象物を凍らせてから真空中にさらす。すると氷が昇華して、材料に本来含まれていたごくわずかな水だけが残る。果汁は同じような工程で濃縮され、そこにあとで水を加えると、元の果汁のようなものができる。

凍結は機械式冷蔵を用いて行われるが、食品の場合は氷の結晶が本来の構造を壊すのを防ぐため、きわめて素早く行う必要がある。そのため、冷材——おそらく液体窒素だが、ドライアイスも使われる——を使った急速冷凍が、たいていは最善手だ。

フリーズドライ食品は、空気にさらしておくと空気中の水分を吸ってしまう。したがって気密性の高い包装で、場合によっては空気がまったく残らないように窒素ガスを詰めて、密封しなければならない。フリーズドライ食品は軽くコンパクトで、長期間保存できる。しかし昇華する成分は水だけではない——油や酢も飛んでおり、だからフリーズドライ食品は決まって、例の独特な味がしがちなのだ（ただし味の感じ方には個人差がある）。

子どもを持つ母親なら口を揃えて、フリーズドライ食品ではしっかりした食事ができないと言う。低温学はもっとしっかりしたものを作ることができる。ただ、われわれにはそれが食べられないが。

冷却を必要とするもののリストを作ったとしたら、それが相当長いものになるのは間違いないだろう。

しかしコンクリートを含める者は多くはあるまい。私たちはコンクリートについてあまり考えることがないが、ここでよく考えてみよう。つまるところそれは人工の石、固まると何でも望みの形の岩になる液体と粉末の懸濁体《スラリー》だ。コンクリートを支える科学はとてつもなく複雑だ。それどころか、何が起きているのか誰にもはっきりとはわかっていないが、乾くときにそれは熱を作り出す。ダムや大きな建物の基礎のような大規模なコンクリート構造物では、この温度変化が不均等であることが多い。これは構造物の中心が膨張し、外側が収縮するということだ。そうすると亀裂が入り、それはコンクリートの建造物にとって決して良いことではない。

このような失敗を避けるために、ノズルから液体窒素をコンクリートミキサーの中に、最高級カクテルが暴走したみたいに噴射したり、コンクリートが固まるときに冷却パイプを埋めこんだりと、さまざまな方法でコンクリートは冷やされる。

液体窒素には建設において別の使い方がある。液体窒素を注入して、周囲の土が凍らせてあれば、地面に柱を立てたりトンネルを掘ったりするのがはるかに簡単になる。同じような方式が、いわゆる凍土壁を鉱山の周囲に作るために使われる。考え方としては、内部に湧き出したあらゆる危険な汚染物質に対して氷が防壁となり、環境中に漏れだして広がらないようにするというものだ。

もっとも有名な凍土壁が、二〇一一年の津波でメルトダウンを起こした日本の福島第一原発の周囲に建設中（本書執筆時）だ。長さ一五〇〇メートル、深さ三三メートルの障壁は、この種のものでは最大というわけではないが、それは数十年にわたって維持されなければならない。日々原発に流れ込む地下水は、帯水層を放射性物質で汚染するおそれがあるので、そのまま周辺にしみ出させるわけにはいかない。そこで凍土壁だ。壁の建設中、地下水は一時貯蔵タンクにポンプで送られる。このタンクは、氷の壁さえできれば無用になるはずのものだ。

今後、福島の凍土壁がどうなるかは——少なくともその効果は——不確かだが、低温を制御する力が人類の偉大な能力の一つであることを、やはり示している。将来その力が何を生み出すかは推測するしかないが、まあ、やってみよう。

第12章　低温の未来

先のことにわずらわされることはない。それに対峙せねばならぬとすれば、そうすることになろう。今、現実と立ち向かうために携えている、同じ理性という武器を手に。

マルクス・アウレリウス・アントニヌス、一七五年ごろ

燃える氷、海水温勾配のエネルギー利用

冷蔵は世界を変えてきたが、この先はどう変えていくのだろうか？　未来を予想するのは無駄なことだ。読者のために、私がもう少し無駄な努力をしよう。『ワイアード』誌の創刊編集長ケビン・ケリーはこのように言っている。「信じられる予想はどれも間違いだ。正しい予想はどれも信じられないものだ」。これを心に留めておこう。

世界は新しい燃料と新しい蓄電方法を必要としている。太陽光や風力のような再生可能エネルギーを、欲しいときに点けたり消したりすることはできない。そうしたものはちょうどいい条件が整ったときに発電し、それはわれわれが電気を必要とするときと一致しないことがしょっちゅうだ。だから、つなぎ止めたエネルギーを利用できる形で貯蔵する方法を巡って、競争になっているのだ。

液体水素はよく未来の燃料として話題になる。水素は水を電気分解して得られ、冷却すれば液化して貯蔵でき、必要なとき燃やして熱を取り出すことができる。水素駆動エンジンから発生する汚染物質は

水蒸気だけだ。液体水素充塡スタンドが普通の場所にある世界を想像するには、大きな飛躍を要する。現時点では、この極端に扱いづらい物質を取り扱うために設置された特別な場所――ロケット発射台のような――にしかない。

しかし、水素を安全に扱えるようにする方法を探る研究プログラムが存在し、その多くは奇妙な形の天然燃料、燃える氷から着想を得ている。

シベリアや亜北極カナダの永久凍土層は天然ガスの供給源だ。凍った土壌中の有機物は、数千年かけてきわめてゆっくりと分解され、天然ガスのメタンを放出する。一九七〇年代末に、一定量の――実は大量の――天然ガスがクラスレートというシャーベット状の氷に捕らえられていることがわかった。メタンは地下の高圧低温下で、氷の結晶の内部に閉じこめられる。クラスレートは泥が混じったかき氷のように見えるが、一つ大きな違いがある。マッチで火をつけると、氷が炎を上げて燃えるのだ。

クラスレートは天然ガスをたっぷり含み、クリーンな化石燃料となる。少なくとも手に入れられれば。地中深い岩の中のほか、クラスレートの埋蔵域は、水温が〇℃前後の冷たい海底でも見つかっている。二〇〇〇年には、カナダのトロール船が一トンのクラスレート氷を間違えて網にかけ、海面まで引き揚げてしまった。圧力の低下によってガスが抜け、氷の塊は海面でシューシューと恐ろしげな音を立てた。乗組員はそれを水中に捨てて、逃げ出すことにした。

技術者はよく自然を模倣する。そして、クラスレートのような氷が、メタンの代わりに水素を「ゲスト分子」として保持するのに使えるのではないかと提案されている。水素クラスレートは今に水素燃料の安定した形として、燃料タンクにどろどろと注がれるようになるかもしれない。

二〇〇六年、研究者たちはさらに上を行った。やはり燃料の貯蔵に使える、まったく新しい種類のシャーベットを作り出したのだ。ニューメキシコ州のロスアラモス国立研究所に勤務するウェンディ・マオは、ダイヤモンドアンビルを使って氷に巨大な圧力をかけた。ダイヤモンドアンビルは、炭素が地中奥深くでダイヤモンドになる圧力を再現するために設計された装置だ。その圧力は六〇〇万気圧といったレベルの話になる。マオの研究チームは圧縮した氷にX線を当て、氷の中の水分子が水素と酸素のアロイ（混合物）に分かれていることを発見した。アロイは通常、ある金属が別のものに溶けこんだ金属の混合物（合金）を表す語だ。しかし、高圧下で固体の状態を保っているこの奇妙な氷は、水素分子が酸素と混ざったアロイとして理解することができる。

マオの水アロイは普通の氷とはまったく違う。それは茶色で、超高圧に保たれれば四〇〇℃の温度にも溶けなかった。これもやはり、クリーンな水素燃料の輸送と貯蔵の手段となる見込みがある。

クラスレート以外にも、海洋水は再生可能エネルギー、それもその時々の条件に左右されにくいものの供給源となる可能性がある。提案されているメカニズムは、冷蔵庫のはたらきを逆転させたような蒸気機関だ。

この装置は海面と深さ一〇〇〇メートル以上の深海の温度差を利用する。太陽エネルギーは海面を温めるが、一〇〇メートルより下にはほとんど届かない。だから海面の水温は、ばらつきがあるにせよ、一般に深いところ（四〜五℃で安定している）よりも常に高い。*

*ここでは極地方は度外視している。海洋蒸気機関は赤道付近の海でもっともよくはたらくだろう。

この海水温の勾配は、現在の世界のエネルギー需要の何千倍もを供給できるだろうと試算されている。作動原理はこうだ。表層水を使って揮発性の液体を沸騰させる。アンモニアのようなものがいいだろう。

アンモニアの蒸気はタービンを回し、発電する。深海からくみ上げた冷水で、アンモニアは凝結させられて液体に戻る――そして最初からすべて繰り返される。

このプロセスがはたらくためには、海面と深海のあいだに二〇℃の温度差が必要だ。このような温度勾配があるのは、赤道に沿った狭い帯状の海域だけで、今のところこのエネルギーを利用しようとする試みはすべて失敗し、非効率な点があまりにも多いことが明らかになっている。しかし、海洋掘削技術は近年、さらに深海へと届いており、また一〇〇〇メートル以上の深海の作用について得られた知見は、再び海洋蒸気機関を有利にするかもしれない。石油はいつかなくなるが、海水は決してなくならない。

旧式の冷蔵技術と金星探査、暗黒物質探究

蒸気機関は確かに古い技術だが、だからといってこの種の骨董品が、未来の高度な技術に、宇宙探査においてでさえも、重要な役割を果たさないとは限らない。いつの日か、一八一六年に発明された冷却装置で冷やされた探査機が、金星の地表を巡回するかもしれないのだ。

スターリングクーラーは一見きわめて単純である。それはシリンダーとピストンからできている。ピストンは、両端の熱く膨張する気体と、圧縮された冷たい気体の相互作用によって動く。実際には相当な複雑さを備え、これまでに開発された中でもトップクラスの効率を誇るヒートポンプとなっている。このポンプは双方向に――熱を動力に変えるエンジンとしても、膨張する気体の動きを受け熱として放射する冷却器としても――はたらく。

この装置は一八一六年にロバート・スターリングというスコットランドの牧師が発明したが、二〇世紀になってその効率の高さが完全に認識されるまで、ほとんど無視されていた。今日、スターリングクーラーは、地中で熱くなったドリルヘッドを冷やすのに使われるほか、MRIスキャナーなどのヘリウムで冷却される装置を低温に保つクライオクーラーも同種の機構を使っていることがある。

基本的に、冷媒は網目状の熱交換器にピストンの一つで押し込まれる。圧縮されるにつれて、冷媒の圧力と温度は上昇し、やがて熱交換器の反対側にある第二のピストンが逆方向に動き始める。熱交換器の中を通っている今、温まった気体の体積と圧力は一定だ。熱交換器は網目状の金属板からできていて、大きな総表面積を持ち、この金属が液体から熱を奪う。その結果、冷媒が熱交換器を出るとき、温度は下がっている。第一のピストンは熱交換器に行く手を阻まれて、それ以上前進しなくなる。しかし第二のピストンは逆方向に動き続け、吸い込まれた液体は体積が大きくなり、圧力と温度が劇的に下がる。システムのこの低温端は冷却に使われ、熱を周囲や冷たく保つ必要があるものから吸い取る。最後に、両方のピストンは開始位置に戻り、その最中、両者のあいだの体積は一定に保たれている。そうするあいだ冷媒は熱交換器から送り返され、戻る途中で再び温まる。

これで振り出しに戻って、また最初から繰り返す。熱交換器はスターリングのもっとも独創的な業績だった。それは冷却効果を高める一時的な熱の貯蔵庫で、効率がよく持ち運びやすい冷却源となる。

金星の表面では、それこそが必要なものだ。金星は太陽系でもっとも熱い惑星だ。二酸化炭素と二酸化硫黄からなるどろりとした大気は、温室効果による温暖化がいかに強烈であるかを示している。その表面温度は四五〇℃――調理用オーブンより優に二〇〇℃高いのだ。

一九六〇年代に最初の着陸機が金星に接近したとき、こうしたことはまったく知られていなかった。

世間一般の想像では、火星は好戦的な生物がひしめく寒い場所、金星は通年温暖な地球外の楽園のようなものだと思われていた。宇宙科学者は、もちろん、こうした空想を抱いてはいなかったが、彼らでさえ探査機がそれほど過酷な状況に直面するとは予想外だった。宇宙船は次から次へと濃密な大気の中で壊れた。プラスチックの部品は溶け、電子機器は焼けた。

故障せずに地表に到達したわずかな着陸機は、宇宙探査機というより圧力鍋のような造りをしていた。それでも、無事着陸してからせいぜい一時間ほどしか持たなかった。この火山地獄の地表を探査するために送られる車両は、あらゆる車の中でもっとも効率のよいエアコンを備える必要があるだろう。唯一の有効な案がスターリングクーラーで、それを使えば電子機器をすべてセラミック製断熱材の中に収めることができる。高温側は五〇〇℃に達し、灼熱の金星の大気に熱を発散することができるはずだ。一方電子機器は、この惑星の基準に照らせば十分に涼しい二〇〇℃に保たれる。

金星旅行は、世界のどの宇宙機関も予定していない。そこは間違いなく、作業が困難な場所だ。しかし金星には、火星のように（おそらくそれ以上に）かつて生命が存在した可能性がある。もしそれを調査しようとするなら、スコットランドで採石場から水を汲み出すために発明された装置が基になったスターリングクーラーは、きっとその役割を果たすだろう。

二〇一四年、彗星探査機ロゼッタは、67P／チュリュモフ・ゲラシメンコ彗星（67Pと略されるが、それも無理もない）に着陸機フィラエを投下した。彗星に初めて着陸した探査機フィラエは、大きさが小型冷蔵庫ほどだったが、状況が違えばそれは本当に冷蔵庫になっていたかもしれない。さかのぼること一九八五年にミッションが計画されたとき、当初の考えは、氷でできた彗星の核のサンプルを採取して、地球に無傷で持ち帰れる冷蔵庫を着陸させるというものだった。これは実現せず、フィラエは宇宙の雪玉をその場で分析するように装備された。とは言え冷蔵庫は、別の理由で宇宙に飛び立っている。

ハッブル宇宙望遠鏡などの宇宙ベースの観測機器には星から来る熱（光ではなく）を見ようと思えば、冷却装置が必要となる。そのためには、遠く離れた物体から来るかすかな熱の痕跡を拾えるように、熱探知機を非常に冷たく――マイナス二〇〇℃以下に――しておく必要があるのだ。

国際宇宙ステーション（ＩＳＳ）のような有人宇宙機は、両極端の温度に対処するためにも冷却材を必要とする。大気越しでない太陽光線の直射を受けると、地球軌道上にある宇宙機の金属部品は二六〇℃に達する。冷却系統を積んでいなかったら、ＩＳＳはとても人が住めるところではないだろう。日の当たるところと陰になるところの温度差は一三五℃になる。この両極端のあいだで住める場所を探すのは難しいだろう。だからＩＳＳは余分な熱を逃がさなければならない。熱は、液体アンモニアなどの冷却材が、さまざまなモジュールを循環するあいだに集められる。宇宙船から突き出ている例の長いパネルは、すべてが太陽電池ではない。何枚かは冷却材チューブを張り、熱を宇宙空間に逃がすように設計されたラジエーターなのだ。

未来の宇宙機は磁気冷凍装置を使って冷却されるかもしれない。これは磁気熱量効果というものを利用して、高圧の蒸気圧縮を不要にする。ガドリニウム金属のようなしかるべき素材が、磁場の中を通過するときに温まるという効果だ。その熱は放射され、磁場を出た金属全体は冷凍に使えるほど冷たくなる。

磁気冷凍装置は、地上では普及し始めている。火星へ向かう宇宙飛行士が、磁力で冷やす冷蔵庫で食料を保存するようになるかどうかは、まだわからない。冷蔵技術はすでに、宇宙科学の最前線を推し進める役割を担っている。それは暗黒物質の探究に利用されているのだ。

暗黒物質《ダークマター》は不可思議な代物だ。一九三〇年代、フリッツ・ツビッキーとヤン・オールトという忘れがたい名前の二人の天文学者が、銀河は本来あるべき重さよりも重いことを発見した。いくら必死になって探しても、欠落した「暗黒」物質を見つけることは誰にもできずにいる。暗黒物質探しは近年過熱気味で、何人もの探究者が発見の一番乗りをしようと躍起になっている。暗黒物質が「暗黒」なのは、それが普通の物質と影響し合うことがほとんどないからだ。そうした相互作用なしには、その存在を知るすべがない。

この物質にもっとも関心を抱く、宇宙論者という科学者は、暗黒物質はＷＩＭＰかＭＡＣＨＯのいずれか、たぶん両方からできているという仮説を立てている。ＷＩＭＰとは相互作用の弱い重い粒子（Weakly Interacting Massive Particle）のことだ。物質を基礎にしたわれわれの自我に見つからずに、びゅんびゅん飛び回っているとされる奇妙な重い粒子があるのだ。ＭＡＣＨＯという名前はもう少しこじつけじみている。重く緊密なハロー天体（Massive Compact Halo Object）だ。それは暗い恒星や巨大な暗黒惑星やブラックホールなど、宇宙にある大きなもので、われわれの望遠鏡では見つけるのが不可能ではないにしても非常に難しいものだ。

すべてはＷＩＭＰを発見することにかかっており、そうするためにＬＵＸ（Large Underground Xenon：大型地下キセノン）実験のようなものが計画されている。ＬＵＸはマイナス八三℃に保たれた液体キセノン三六八キログラムが入ったタンクで、サウスダコタ州のかつての金鉱ホームステーク鉱山の地下一五〇〇メートルに設置されている。タンクを覆う一マイル近くの岩は、検出器を宇宙線のノイズから遮断している。このノイズが悪影響を及ぼすので、地上では実験ができないのだ。キセノンが使われるのは、一切何もしないことが期待できるからだ。何も、というのはＷＩＭＰが出現するまではだが。さて、理論上、ＷＩＭＰは普通の物質、たとえば地球を構成するようなものとほとんど影響しあわず、惑星などそこにないかのように通過してしまう。そこで、いつかはＷＩＭＰがキセノンの原子の一つに衝突して、一瞬光を放射するだろうという考えだ。そして検知のためにＬＵＸ検出器が設置される。われわれは今も発光を待ち続けている。

外宇宙だけでなく、低温の応用は精神世界の最前線にも、私たちを連れて行こうとしている。ＳＦ兵器にもう一つ欠かせないのが超知能コンピューター、われわれ人間の誰にも劣らず、おそらくもっと賢く、人間の脳の内容をそっくり取り込んだり模倣したりさえできるものだ。その種のコンピューターがどのようなものになるか、私たちはすでに知っている。それは量子コンピューターであり、そのような機器の研究は、概して信じがたい低温のもと行われている。

ビットやバイトという言葉は読者にもおなじみだろう。コンピューターのメモリの単位だ。八ビットは一バイトで、四ビットつまり半バイトはニブルだ。もっと大きなスケールだとメガバイトやギガバイトになり、こちらのほうがなじみ深い。

一ビットは基本単位で、一個の情報を表す。それには二つの状態しかない。オンかオフか、開か閉か、上昇か下降か、進行か停止か、一か〇か。デジタル・コンピューティングというときの「デジタル」は、コンピューター・プロセッサーを制御するコードを書くために使われる一と〇の数字（ディジット）から来ている。プロセッサーはごく小さな電子スイッチの集合体だ。それぞれのスイッチは、オンかオフに入れられることで、一ビットの情報を蓄えている。

量子コンピューターの夢は、ビットを量子ビットつまりキュービットに置き換えることだ。電子スイッチの代わりに、キュービットはオン／オフ状態を、原子など量子スケールの物体の量子特性から得る。それは高エネルギー状態（スピンアップ）にも低エネルギー状態（スピンダウン）にもなりうる電子スピンのようなものだろう。今までのところビットとキュービットはそっくりで、同じもののようだ。だが、量子力学によれば、電子スピン（あるいは他の量子特性）は測定されるまで確定しないので、それぞれのキュービットは同時に特定の確率でオンかオフ、一か〇のどちらかになる。

ここからが面白いところだ。量子コンピューターの内部では、キュービットの役割を果たす原子が相互につながっている、つまりもつれている必要がある。普通のコンピューターが用いる二つのビット、つまり一〇には、二ビットの情報が含まれているが、二つのもつれたキュービットには一〇、一一、〇一、〇〇と四倍もの情報が含まれる。最新のデスクトップコンピューターはほとんど、一度に三二ビットの塊――三二個の一と〇のストリング――を使って動く。三二個のキュービット・コードには、四二億九四九六万七二九六個の一と〇に相当する情報が含まれる。これを見ると量子コンピューターにははるかに多くのデータ処理ができること、スーパーコンピューターの処理能力すら追いつかない想像を絶する速さで計算できることがわかる。

超知能コンピューター、人体冷凍保存、テレポーテーションも可能に？

それで、どこに冷蔵技術が入りこむのだろう？　キュービットを効果的にもつれさせるためには、それ以外のあらゆる雑多なものから分離しなければならない。以前から、もっとも見込みのある方法は、原子を絶対零度のごく近くまで冷却して、ほとんど動かなくすることだと考えられていた。こうすることでその量子特性を精密に操作することができるようになるのだ。

試作量子コンピューターはパルス冷凍機の中に作られている。この冷却装置はスターリングクーラーと同じように機能するが、冷媒の中に圧力波を発生させ、それが熱を装置の高温側に押しやって、そこで発散させる。圧力波は、耳で感知できる音波と同じような形でふるまう。それで熱音響波と表現される*。

*熱も超流体の中を波動として、特定の速度で移動する音波と同じようによく伝わる。この熱の波はそれ以外の既知の物質には存在せず、「第二音波」と呼ばれている。第二音波の伝導速度は、四Kから〇K近くまで幅がある超流体の温度によって変わるので、その速度を測定するのは、超流体の温度を正確に知る上で有用な方法である。

パルス冷凍機はキュービットを絶対零度付近まで冷やすが、まさしくこの条件のもとでコンピューター科学者や物理学者は、大量のキュービットをもつれさせて、評判の処理能力を生み出す方法を模索しているのだ。二〇一三年、カナダ、英国、ドイツで研究していたチームが室温で三九分間作動するコヒーレント量子コンピューティング・デバイスを作り出すことに成功した。しかし、その新技術――リンイオン（電子を失って電荷を帯びた原子）をキュービットとして使うもの――は、四K前後の温度のほうが安定するだろうと彼らは考えている。

さて、量子コンピューターには何ができるのだろう？　それは私がこの本を書くのに使っている、シリコンベースのものに取って代わるわけではない。むしろ量子コンピューターは、従来のコンピューターより一つひとつの演算をゆっくり行う。それでは量子コンピューターの何がすごいのか？　わざわざそんなものを作る意味は何なのか？　違いはとてつもない量のデータを一度に扱う能力であり、そのため数学の難問を解くことができるのだ。このような難問は処理能力を増やしてやるだけでは解くことができない。従来のコンピューターは非常に速く計算することができるが、するのは一度に一つだ。従来のコンピューターで難問を解くには、無限の、あるいは無限に近い計算や演算を行う必要がある。それにはどう考えても長い――宇宙の残りの寿命に近い、もしかするともっと長い――時間がかかる。したがって難問はコンピューターで解くことができない。だから難問なのだ。

ヒトの脳は難問に取り組むことができる。それは何らかの方法――今のところ何かはわかっていないが――で無視すべき演算と集中すべき演算の見当がつくからだ。量子コンピューターは、いくつもの演算をすべて同時に行えるので、ヒトの脳がするようにして難問を解き、さらにヒトの精神にはあまりに複雑すぎる計算に取り組むことができるようになるかもしれない。

量子コンピューティングがヒトの精神を模倣できるなら、たぶんヒトの精神、ヒトの意識のようなものを量子コンピューターの中ではたらかせることができるだろう。ただの冷蔵庫がいつの日か新しい形の人工意識を生むかもしれないのだ。その結果どうなるのかは、誰にもわからない。

このような形のキューービットによって動く生命は、不死を求める者たちにとってまさに望んでいたものかもしれない。死期が近づいたら、自分自身をクラウドにアップロードし、まったく別の雲《クラウド》の上で永遠にハープを弾いて過ごすのを避けるのだ。すでに多くの遺体が、いつか未来の医療技術によって死後の世界からダウンロードできることを期待して、氷の中で保存されている。

低温「延命」という発想は一九六〇年代、数学と理科の教師だったロバート・エッティンガーがデトロイトのはずれに人体冷凍保存研究所を（不死協会とすばらしい名を付けられた慈善団体と共に）立ち上げたときから熱烈に迎えられている。経歴によればエッティンガーはこの着想をSFから得ており、経歴はこれが別に悪いことではないと考えている。しかし、エッティンガーは低温医学、つまり外科手術のあいだの損傷を防いだり、治癒を促進したりするために身体を冷やすというもののパイオニアたちにも触発されていた。

今日、一〇〇名を超える研究所の会員（永久会費は三万ドル）の遺体――時には頭部だけ――が液体窒素のタンクに納められている。すべてできるだけ新鮮な状態を保つように、死後数時間以内に保存されたものだ。会員はみな、研究所が一時的な墓場となることを期待して入会している。非常に長く待たされることにはなりそうだが、彼らは時間を稼いでいるのだ。冷凍プロセスが適切に行われて、組織の損傷が最小限であれば、生命のない身体は死んだばかりの遺体のように無傷のままだ。未来の医療がいつの日か、人体冷凍保存研究所や類似の機関に保存された人々をよみがえらせることができるようになる可能性が、ないとは言えない。とは言え、生き返ったとしても、こうした人たち――大部分は最初に死んだときかなりの高齢だった――は、程度の差こそあれまたすぐに死んでしまうリスクが大いにある。

最近まで、「冷凍された《フローズン》」と「ディズニー」という語が並ぶのは、普通はウォルト・ディズニーが死後冷凍保存された話の中であって、王女たちの仲違いを描いた北欧の伝説のことではなかった（訳註：「フローズン」はディズニー映画『アナと雪の女王』の原題）。しかし、どの話がより本当に近いかには議論の余地がある。ディズニーの家族は、それは都市伝説であり、当人は一九六六年に火葬されていると断言する。これはエッティンガーの研究所が設立されるより相当前であり、また最初の収容者——エッティンガーの母——が安置される実に一〇年前だ。二人目の顧客はエッティンガーの最初の妻で、一九八七年に冷凍されているが、一九九〇年代から業績は上向きとなった。二〇一一年にはロバート・エッティンガー本人が患者一〇六号になった。

エッティンガーのアイディアに医学が追いつくころには、社会はわれわれの今の理解を超えるかもしれない。誰もがテレポーテーションで動き回るようになれば、私たちが知るような運輸は忘れ去られる。量子コンピューターは、カーク船長（訳註：SFテレビドラマ／映画『スタートレック』シリーズの登場人物）と仲間たちが近くの惑星に降りるのに使うような転送機に必要だと考えて間違いない。大きな物体を動かさずに輸送するこの種のテレポーテーションは超SF的で、未来学者のスケジュール表でもずっと先のほうにある。しかし、理論上それが機能するためにやらねばならないのは、物体の全原子の全量子状態を素早く捉え、その情報を伝達し、別の場所にその状態をすべて正確に再現することだ。二〇〇九年、アメリカの名サイエンスコミュニケーターで本職の未来学者であるミチオ・カクは、テレポーテーションの問題を、科学の問題ではなく技術の問題、ただし「きわめて大きな技術の問題」だと述べている。

確かにやらねばならないことがたくさんあるが、ボース＝アインシュタイン凝縮が関係しているようだ。超低温物質は、あまりに低温であるために、構成する原子が個々の独自性を失って「超原子」、つまり単一の存在として振る舞う量子物質の振動の波になる。いつの日か、身体全体を冷却してボース＝

アインシュタイン凝縮の波、すなわち物体の元の状態に関するすべての情報を運ぶ原子レーザーに変換することが可能になるかもしれない。これは相当無理があるが、いつか誰かが考えつかないとも限らないとだけ言っておこう。実際、もっと単純な物質、たとえば原子一個の「物質波」は作られて、部屋の中をテレポートしているのだ。

テレポーテーションがやる価値のあるものになるには、情報が部屋の中よりももっと遠くまで伝わる必要がある。理論上は、宇宙のどこへでも光速で送ることが可能だろうし、到着したら通常の物質に再構成されるだろう。それを実現するために、オーストラリアで提唱された一つの考えが、やはりレーザービームで照射されている別のボース＝アインシュタイン凝縮（ＢＥＣ）の源へ波動を向けるというものだ（このすべてが超強力な冷蔵庫の中で行われている）。物質波がＢＥＣに入ると、波が凝縮と融合するにつれて、光子のビームが放出される。このビームは事実上、元の物質波についての情報――原子一個、分子一個、あるいは人体の細胞三〇兆個についての――を運ぶ信号だ。光子ビームの信号は次に少し離れたところにあるもう一つのＢＥＣ源に送られる。それが凝縮を照らすと、元と同一の物質波が放出されると仮説が立てられている。その波は次に、元の「温かい」状態に戻すことができる（もう一度誰かがちょっと計算してやらねばならないが）。

元の物体――テレポートした人体も――は、ボース＝アインシュタイン凝縮に突入して物質波に変換されると同時に破壊されて死ぬ。反対側では、物質波は正確なコピーを作り出す（少なくともそう考えられている）。テレポートした人はいったん死んで、それから新しい原子で再構成される。* 哲学者はこの発想を、すでにアイデンティティの本質を考えるために使っている。エンジニアは、どうやったらものを正しい順序で元に戻せるかだけ考えていたいだろう。

＊一人の人間にとっては小さな突入だが、人類にとっては大きな突入だ。

無理が多いように聞こえるとすれば、それは無理だからだ。しかしボース＝アインシュタイン凝縮と、その近い仲間であるフェルミ凝縮は、こうしたものへの、そしてまだ想像もつかない多くの可能性への道を開こうとしている。手短に言えば、フェルミ凝縮（初めて核分裂に成功したイタリアの科学者エンリコ・フェルミに由来する）はボソンではなくフェルミオンからなる超低温物質だ。きわめて単純化すると、ボソンは力を生じ、一方フェルミオンは質量を生じる。最初のフェルミ凝縮は二〇〇三年に作られた。

だが、実在し、現実社会に関係する、私たちが生きているあいだに実現可能なものはどうなっているのだろうか？　たとえばスマート冷蔵庫のようなものは。

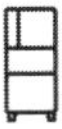

スマート冷蔵庫、つまりインターネット冷蔵庫は急速に古い未来像になりつつある。それは最初期の「モノのインターネット」という概念だ。建造環境にあるあらゆるものが、インターネットへの何らかの接続性を持ち、有用な情報をネットワークに送ったり、人間のユーザーなり人工知能なりから指令を受けたりするというものだ。

スマート冷蔵庫は一九九〇年代後半に予見された。急成長中のワールドワイドウェブやインターネットに関係するものすべてが、いいアイディアに思われた時代だ。スマート冷蔵庫は、要するに自分の中に何が入っているかがわかる。入れられたもののバーコードを読みとったり、パッケージに埋めこまれたマイクロチップからの電波信号を利用したりするのだろう。この冷蔵庫は食品がいつから入っているかがわかり、各品目の重さを測定することができる。そして持ち主に、食品の賞味期限がいつ切れるかを知らせ、品物が足りなくなれば警告する。食品の種類別にどのくらいの頻度で消費するかを学習し、よくできたアルゴリズムで、いつスーパーマーケットに接続して、お気に入りの商品をちょうどいいタイミングで注文するかを考え出す。冷蔵庫に一週間のレシピを教え、買い物を任せっきりにすることもできる。人間はものを出し入れするだけでいいのだ。あとは冷蔵庫がやってくれる。

このような装置はかなり複雑になるが、できないことはないだろう。だがたぶん、誰も欲しがらない。二〇〇〇年にLGエレクトロニクスが初のスマート冷蔵庫を発売した。価格は一万三〇〇〇ポンドだった。ドアを開けて中身を見るだけで済む問題を解決するための機械につける値段にしては、これは高すぎた。

しかし、冷蔵の物語をめぐる旅が終わりに近づいた今、道中に出会った多くの人々が捕われたのと同じ罠にはまる危険が、われわれにはある。一八八〇年代パリの冷蔵庫恐怖症患者や、フレデリック・テューダーを笑ったボストンの商人を思い出してみよう。

スマート冷蔵庫はいつの日か、ただの冷蔵庫と考えられるようになるかもしれない。考えうる一つの未来は、冷蔵庫が各家庭の中心であり続ける、そしてそのために違った形でスマートになるというものだ。

冷蔵庫のドアにコントロールパネルとして使うスクリーンがついているのは、珍しいことではない。こうしたパネルがスマートボード、ドアの大半を覆うタッチパネルに発展するまでもう一歩だ。このスマートボードは、冷蔵庫の操作だけでなく、食品のオンライン注文に――あるいはメッセージを送り、テレビを観て、友人に電話するのに――使える。このような技術の推進力は、冷蔵庫に何が入っているかよりも、家全体に何があるかに関係するだろう。

スマート冷蔵庫はスマートホームのために必要となるだろう。現在の傾向が続けば、ホームコンピューターは数を増やすが、同時に消え始める。それは家にある他のあらゆるものに入ってしまうのだ。冷蔵庫のドアはすでにコミュニケーションハブだ。台所には他に空きスペースはあまりなく、ドアはポストイットのメモ、カレンダー、さまざまなリストにびっしりと覆われているのではないだろうか。タッチパネル技術を少しばかり導入すれば、このすべてがオンラインになり、冷蔵庫が家族の中央コントロールセンターに変わるだろう。暖房、冷房、照明、洗濯、風呂、シャワーがすべてスマートボードからコントロールされる（そしておそらく他からも――確実にアプリが作られるだろう）。冷蔵庫のドアは世界の窓になるのだ。

さて、冷蔵庫が転送機と人工知能を生み出すか、最新で不可欠のコンピューターデバイスとなるかはまだわからない。私にとってはそのどちらも喜ばしい。しかし、今日なお冷蔵庫が利用できない人々が一五億人いる。たぶんもっともスマートな冷蔵庫は二重ポット式冷蔵庫、誰でも手が届くもっとも素朴な意味でのソーラーパワー冷却装置だ。

二重ポット冷蔵庫は、一九九〇年代後半にモハメド・バハ・アッバという名のナイジェリアの教師が設計した。それは古代アラビアのジーア、蒸発冷却器を改良したものだ。食品を防水の陶器の壺に入れ、それをさらに大きな素焼きの土器に収める。二つの容器のあいだには砂を詰め、水で湿らせる。水は外側の壺に浸透し、日光で蒸発して内室の内容物から熱を奪う。単純だが効果は高い。これは冷蔵における次の立役者となるかもしれない。

要するに、ローテクな壺であれハイテクな極低温冷却装置であれ、冷蔵は車輪、印刷、マイクロチップのようなものと肩を並べる人類最大の偉業として賞賛されるべきものだ。その地位は、過去を変え現在を築いたことだけでなく、未来をいかに形作るかによっても得られたものなのだ。

訳者あとがき

冷蔵庫は、存在感があるようでない電化製品かもしれない。大きく、台所の中枢とも言える存在だが、あまり注目されることはない。冷蔵庫が気になるときは、実はたいてい冷蔵庫の中身を気にしている。足りないものはないか、賞味期限切れのものはないか。ビールは冷えているか。冷蔵庫そのものについては、故障や買い換えの時でもなければほとんど意識しない。あるのが当たり前のものだ。

とは言えそれは最近の話だ。数十年前の日本では、電気冷蔵庫がいわゆる「三種の神器」の一つとして、豊かさの象徴であり憧れの的だった。冷蔵庫がまだ普及していない地域では今でもきっと同じだろう。よく考えてみると、冷蔵庫は大変な機能を持っているのだ。

冷たいものを温めるのは、難しいことではない。太古から人類は火を使って、食品や部屋の空気を温めてきた。ところが低温を人工的に作り出すのは、冷蔵庫や冷房装置のような近代的な機械がなければ難しい。

本書は、人類がどのようにして低温を手に入れ、自在に操れるようになったかを歴史、社会、科学の各側面からのアプローチで追ったものだ。

冷たいものが欲しい季節や地域には、氷や冷風は周囲にない。それでも古代から近代初期までの人びとは、経験的に得たその時代ごとの知識と技術で自然力を利用して低温を手に入れ、真夏に冷たい飲み物で涼んだり、食品を保存したりするために使ってきた。無論初めのうち、それを享受できるのはごく限られた特権階級だけであったが、やがてその需要は拡大していった。

一方で哲学者や科学者は、昔から熱と低温を解明しようとしてきた。本書に登場する科学者には、発見した法則と共に中学や高校の理科でおなじみのものも多い（もっとも白状すると訳者はすっかり忘れていたのだが）。彼らは、冷蔵庫を作ろうと思っていたわけではない。しかし、その発見は、ものを冷やす自然力のメカニズムを解明し、それが冷蔵庫の原理につながった。そして社会の要請に触発され、家庭に氷を供給する製氷機、生鮮食品を長距離輸送する冷凍船、ついには家庭用冷蔵庫が誕生した。

冷蔵庫は、少数の天才による発明というより、一見ささやかな人類の夢を満たすため、多くの人の手により長い時間をかけて生まれたもののようだ。だが実現したとき、それは社会のありようを変え、規定する大きな力を持っていた。今や冷蔵庫のない生活は、単に冷たい飲み物を好きなときに賞味できないとか、生鮮食品を急いで食べないと腐るとかいうレベルにとどまらない。産業や流通のすべてが冷蔵庫に依存していると言っても過言ではないのだ。

本書を読んだあとで改めて冷蔵庫に目を向けると、何か違って見えてくるかもしれない。以前より頼もしく、不思議なものに。それは世界とつながっているものなのだ。

二〇二一年　晩夏

片岡夏実

参考文献

Buxbaum, Tim (2014). *Icehouses*. Shire Library.
Freidberg, Susanne (2009). *Fresh: A Perishable History*. Harvard University Press.
Rees, Jonathan (2013). *Refrigeration Nation: A History of Ice, Appliances, and Enterprise in America.* Johns Hopkins University Press.
Shachtman, Tom (2000). *Absolute Zero and the Conquest of Cold*. Mariner Books.
Weightman, Gavin (2003). *The Frozen-Water Trade: A True Story*. Hyperion.

Also, I heartily recommend *The Secret Life of Machines*, a TV series presented by Tim Hunkin that was broadcast in the UK between 1988 and 1993. www.secretlifeofmachines.com

277—279
保存　24，51—52，198—199
ホッブズ，トーマス　65

【ま行】
マオ，ウェンディ　266
マグネシア・アルバ　93—96
マグレブ鉄道　256—257
マリオット，エドム　88
マリオットの法則　88
ミジリ，トーマス　190
水アロイ　266
ミラー，フィリップ　137
ムーア，トーマス　140—141
ムペンバ効果　17
メラン，ジャン＝ジャック　88
モニター・トップ　187—188，190
モリーナ，マリオ　191
モントリオール議定書　191

【や行】
ヤフチャール　18，21—22，26，136
輸送　193

【ら行】
ラザフォード，ダニエル　100—101，105
ラプラス，ピエール＝シモン　108，110—111
ラボアジェ，アントワーヌ　104—112，118
ラムゼー，ウィリアム　233
ランフォード伯　116—118，122，128
量子コンピューター　275，277
量子物理学　236—237
リンネ，カール　81
ルビジウム　240—241
冷蔵庫　177，180—181，183，186，188—190
〇度　75，79
冷凍庫　215—216
冷媒　175—177，181—183
レイリー卿　232—233
レーザー冷却　239—240
レーマー，オーレ　77—79
錬金術　42—43，55
ローランド，シャーウッド　191

【わ行】
ワイマン，カール　240
ワイリー，ハーベイ　196—197

—70
トリチェリ管　59—60，66
ドルトン，ジョン　113—114，121，126—127
ド・レオミュール，ルネ＝アントワーヌ・フェルショー　80
ドレベル，コルネリウス　5，45—50，58，69
トンプソン，ベンジャミン　115—116

【な行】

ナイトロジェン（窒素）　106
二酸化炭素　96—97，109—111，113—114，123，182，192，223，229
二重ポット式冷蔵庫　281
ニュートン，アイザック　55，74—76，112，119
ヌメロ，ジョゼフ　206—207
熱平衡　89
熱容量　87
熱力学　5，125，182

【は行】

パーキンズ，ジェイコブ　178—179
ハーシェル，ウィリアム　119
バーズアイ，クラレンス　198，216—218
バードギール　18—21，244
ハーバー，フリッツ　247—249
ハーバー法　248—249，251
ハイドロジェン（水素）　107
パスカル，ブレーズ　59—61
パスツール，ルイ　167，201
パラケルスス　42—44，55，95
バリアーニ，ジョバンニ・バッティスタ　58
ハリソン，ジェームズ　180—181，200
パルス冷凍機　274
ハンプソン，ウィリアム　229
ハンプソン＝リンデ　230
ハンプソン＝リンデ・サイクル　229
ヒートポンプ　5
ヒッグス　238，257
比熱　87
氷室　13—15，17，26，28—29，135—140
ファーレンハイト度　79
ファラデー，マイケル　118，126，223—224，232
ファン・デル・ワールス力　226—227
ファン・マルム，マルティン　222
ブールハーフェ，ヘルマン　81—82，116
フェルミ凝縮　279
フォン・ゲーリケ，オットー　61
フォン・ゲーリケのポンプ　63
フォン・マイヤー，ユリウス　121—125，174
フォン・リンデ，カール　182—183，228—229
フック，ロバート　54，63，72—75
ブラック，ジョゼフ　83—99，110，117，129，176
プラトン　37—38，73
フリーズドライ　260—261
プリーストリー，ジョゼフ　101—106，118，222
フリッジデール　187，189
プリムム・フリギドゥム　40，52，64
フロギストン　56，86，92，97—98，101—102，105
フロン　190—191
ベーコン，フランシス　50—53，62，65
ベッヒャー，ヨハン・ヨアヒム　55—56
ヘリウム　233—234，236—238，240，254—255
ボイル，ロバート　5，56—57，62—64，66—68，71—74，76，82，88，135
ボース，サティエンドラ・ナート　238
ボース＝アインシュタイン凝縮　237—241，

空気温度計　69—70
空気化学　92
空気化学者　222
クラスレート　265
ゲイ＝リュサック，ジョセフ・ルイ　64，76，113
ケルビネーター　187
ケルビン　131
元素　36—37，39，42—44，46
顕熱　91
コアンダ効果　20
コーネル，エリック　240
氷　7
　——配達人　170—171
古代エジプト　15
コンプレッサー　223

【さ行】

サーモキング　206
サイフォン　58—60
サグレド，ジョバンニ・フランチェスコ　69—70
酸素　102—104，106—107，114—115，123，224，227，251—252
サントーリオ，サントーリオ　69—70，73
シェーレ，カール　104
磁気トラップ　240
シャルバット　25—26
シャルルの法則　63，77
ジュール，ジェームズ・プレスコット　5，125—129，131，174
ジュール＝トムソン効果　132，176，225，227
蒸気圧縮サイクル　175
ジョーンズ，フレデリック・マッキンリー　206—207
シラード，レオ　237
真空　39，58，62
真空ポンプ　83
人工氷　172，179，185
人体冷凍保存研究所　276
水素　114，222，224，230，240，248，250
水爆　246
スーパーマーケット　209—211
スターリングクーラー　267—269
ストラット，ジョン・ウィリアム　232
スマート冷蔵庫　279—280
絶対零度　77，82，130，232—234
ゼネラル・エレクトリック　187
セルシウス，アンデルス　80—81
セルシウス目盛　79—80
潜熱　91，110
ソーダ水　101

【た行】

ダークマター（暗黒物質）　271
窒素　101，107，113—114，224，229，251
チフス　166，170
超伝導　235
超流動　236
低温　6，52—53，57
ティロリエ，アドリアン　223—224
テーラー，ブルック　89
デカルト，ルネ　56，66
デッラ・ポルタ，ジャンバティスタ　34—35，40—42，45—46，68，78
テューダー，フレデリック　140，142—145，168，280
デュワー，ジェームズ　222，230—234
テレポーテーション　277—278
天然ガス　250，265
凍土壁　262—263
トムソン，ウィリアム　129—131
トムソン，ジェームズ　129—130
ドライアイス　223—224，259—260
トリチェリ，エバンジェリスタ　58—59，69

索 引

【A】

CFC 190−192

LNG（液化天然ガス） 250−251

MRI 255

PFC 191−192

【あ行】

アイスボックス 140−141，157，171−172，186

アインシュタイン，アルベルト 61，237−238

アボガドロの法則 115

アモントン，ギヨーム 75−77

アリストテレス 17，38−39，58，61，65−66

アルゴン 113，233，254

泡箱 258

アンモニア 181−184，201，222，248−249

ウサイビア，イブン・アビー 40

エアコン 242−246

エアポンプ 61

エーテル冷蔵庫 181

液体窒素 259−260，262

液体燃料 252

——ロケット 252

エッティンガー，ロバート 276−277

エバンズ，オリバー 172−175

エレメント（元素） 38，47

エンペドクレス 35−37

王立研究所 118

大型ハドロン衝突型加速器 257

オゾン層 191

温度計 67，73，75，77−81

オンネス，ヘイケ・カマリン 231，233−235，240

【か行】

カイユテ，ルイ・ポール 227−228，231

海洋蒸気機関 267

化学肥料 249

核兵器 238，246

ガス（気体） 105

ガッサンディ，ピエール 65−66

家庭用冷蔵庫 186−188

カナート 18−19，21−22，25−27

ガリレイ，ガリレオ 58−60，64，68−69，77

カルノー，サディ 119−121，129−130，174

カレン，ウィリアム 82−85，88，116，129，174，178

カロリーメーター（熱量計） 110−111

カロリック（熱素） 83，86−87，91−92，112，114−121，129−130

気圧 60

貴ガス 232−233，254

気体の法則 63，76，115

キャベンディッシュ，ヘンリー 98−99，105−106

霧箱 258

著者紹介

トム・ジャクソン（Tom Jackson）

イギリスのブリストルを拠点に活動するサイエンスライター。約20年間の執筆活動の中で、科学技術の歴史を物語にして紹介したり、科学技術への理解を通して科学を楽しく学ぶ方法を提案したりしている。動物園の飼育員、旅行作家、バッファローキャッチャーなどを経て、現在は大人や子ども向けの書籍、雑誌、テレビなどで活躍中。

訳者紹介

片岡夏実（かたおか　なつみ）

1964年、神奈川県生まれ。主な訳書に、デイビッド・モントゴメリー『土の文明史』『土と内臓』（アン・ビクレーと共著）『土・牛・微生物』、デイビッド・ウォルトナー＝テーブズ『排泄物と文明』『昆虫食と文明』『人類と感染症、共存の世紀』、スティーブン・R・パルンビ＋アンソニー・R・パルンビ『海の極限生物』、トーマス・D・シーリー『ミツバチの会議』（以上、築地書館）、ジュリアン・クリブ『90億人の食糧問題』、セス・フレッチャー『瓶詰めのエネルギー』（以上、シーエムシー出版）など。

冷蔵と人間の歴史

古代ペルシアの地下水路から、物流革命、エアコン、人体冷凍保存まで

2021 年 9 月 30 日　初版発行

著者　トム・ジャクソン
訳者　片岡夏実
発行者　土井二郎
発行所　築地書館株式会社
東京都中央区築地 7-4-4-201　〒 104-0045
TEL 03-3542-3731　FAX 03-3541-5799
http://www.tsukiji-shokan.co.jp/
振替 00110-5-19057
印刷・製本　シナノ印刷株式会社
装丁　吉野 愛

　ISBN 978-4-8067-1624-2